Equibalancedistribution (Eqbl) in der Analyse von Erdbebendaten

Marcus Hellwig

Equibalancedistribution (Eqbl) in der Analyse von Erdbebendaten

Einfluss des Risikos der Magnituden niederer Stärke auf spontane schwere Beben

Marcus Hellwig
Lautertal, Deutschland

ISBN 978-3-658-29631-5   ISBN 978-3-658-29632-2   (eBook)
https://doi.org/10.1007/978-3-658-29632-2

Die Deutsche Nationalbibliothek verzeichnet diese Publikation in der Deutschen Nationalbibliografie; detaillierte bibliografische Daten sind im Internet über http://dnb.d-nb.de abrufbar.

Planung/Lektorat: Reinhard Dapper
Springer Vieweg ist ein Imprint der eingetragenen Gesellschaft Springer Fachmedien Wiesbaden GmbH und ist ein Teil von Springer Nature.
Die Anschrift der Gesellschaft ist: Abraham-Lincoln-Str. 46, 65189 Wiesbaden, Germany

Vorwort

Für viele Erkundungen der Verhaltensweisen natürlicher und technischer Prozesse wird nach Mustern geforscht, die auf zukünftige Entwicklungen Rückschlüsse zulassen.

Die Mathematik zur Wahrscheinlichkeitstheorie bietet dafür ein begrenztes Spektrum an Formeln.

Muster erscheinen in der Statistik oft in Diagrammen (Linien-, Stab-, Kurvendiagrammen) aus gemessenen Werten auf die dann eine theoretische Funktion abgebildet wird.

Dazu gehört auch die Analyse von statistischen Erhebungen von Erdbebendaten mit dem Ziel sie für künftige Voraussagen zu nutzen, die sich wiederfinden in dem Buch mit dem Titel:

„Logarithmische Equibalancedistribution (Eqbl) in der Analyse von Erdbebendaten" mit dem Untertitel: „Einfluss des Risikos der Magnituden niederer Stärke auf spontane schwere Beben".

Insofern wird nach einer Übereinstimmung zwischen einer physikalischen Theorie und einem statistischen Muster gesucht.

Die Ausführungen dafür werden grafisch untermauert, und es wird darauf hingewiesen, dass, bedingt durch die Kürze der Ausführungen in einem Buch, jedes Fachgebiet für sich tiefere Betrachtungen bezüglich einer Verwendung der Eqbl

- hier insbesondere für die Extermwerttheorie – durchführen möge.

Des zwingenden Zusammenhangs wegen, wurden einige Passagen aus Titeln des Springer Buchs „Der vierte Parameter, Kurtosis und die asymmetrische Varianz" übernommen und voran gestellt.

Da in einem Buch der Umfang der Stochastik und der Wahrscheinlichkeitstheorie nicht vollumfänglich beschrieben werden kann, ist der Leser aufgefordert, sich den fachlichen Hintergrund selbstständig zu erarbeiten.

Der umfangreichste Teil der Entwicklungen, die zu der Erarbeitung dieses Buchs führten erfolgte auf Basis einer Fragestellung und Antworten im https://www.researchgate.net des Herrn:

- Mr Petrus Johannes Vermeulen.

Dank sei ebenfalls den Teilnehmern für ihre Hinweise zur Anwendung der Fourier Analyse gegeben

- Mr Edward G. Brown
- Mr Deepak Bhalchandra Gode

Als Extrakt der Abhandlungen erfolgt die Forderung nach vorsorglichen Handlungen, die den betroffenen Erdbebenprovinzen und deren Einwohnern und dem Erdbebenrisiko gerecht werden mögen.

Hinweis 1: Einige Beschreibungen erfolgen in italienischer Sprache, je nach dem Bereich, in dem die Analyse durchgeführt wurde. Sie werden übersetzt, siehe Übersetzungen am Ende dieses Handbuchs

Hinweis 2: Der geschätzte Mittelwert wird durch den Modalwert ersetzt. Dies liegt an der Tatsache, dass der erwartete Wert, der einer symmetrischen Normalverteilung inhärent ist, nicht mit einer geneigten/steilen Verteilung verwendet werden kann, da ein erwartetes Maximum dem Modalwert sehr nahe kommt. Selbst die Nullwerte der 1. Ableitung der Eqbl kommen dem erwarteten Maximalwert sehr nahe. Eine zusätzliche, einfache Funktion, wie in Kap. 7 beschrieben, kann verwendet werden, um die Position des erwarteten Maximums eines Messdatensatzes zu schätzen.

Marcus Hellwig

Was Sie in diesem Buch finden können

Die Betrachtung von Erdbebenentwicklungen und folgenden Erkenntnissen

- Die Erkenntnis, dass beobachtete Prozesse nie vollständig symmetrische Eigenschaften aufweisen
- Die Verbindung der Wahrscheinlichkeitstheorie extremwertiger Prozesse mit Beispielen aus den Wissenschaften der Erdbebenbeobachtungen
- Die Anwendungen der logarithmischen Equibalancedistribution (Eqbl) zur Beobachtung der Entwicklung und des Beitrags von Erdbeben hoher Stärke durch Erdbeben niederer Stärke.
- Die Einschätzung des Risikos – der Wahrscheinlichkeit des Eintretens von Schäden gemäß Richterskala
- Eine neue Funktion zur Ermittlung des Maximums von Häufigkeitsverteilungen
- Handlungsempfehlungen zum Erdbebenrisiko

Inhaltsverzeichnis

In Abhandlungen seismologischer Erkundungen wird die Anwendung der Gauss'schen Glockenkurve als theoretischer Hintergrund für Prognosen nicht mehr verwendet. (s. Abb. 1.1).

Daher wird nach Lösungen gesucht, die Prognosen zulassen, die, wenn sie auch nicht in allen Fällen die Zukunft offenbaren, so aber zumindest einen Rahmen abstecken können, der solche fundamentalen Eigenschaften aufweist, die in der symmetrischen Glockenkurve nicht erfasst sind. Dazu gehören die Schiefe und die „Steilheit" – Kurtosis – von Stabdiagrammen/Histogrammen, die aus statistisch erfassten Datenmengen erzeugt werden und ihr theoretisches Pendant suchen.

Oft sind diese Zeugnis von Prozessen, die durch extreme Wertentwicklungen in Urwerttabellen hervorstechen. Insofern möge der vierte Parameter und die dadurch beeinflusste Funktion Eqbl dazu beitragen die Betrachtung der Zukunft der Prozesse, auf die durch Stichproben geschlossen werden soll, zu objektivieren – dieser Abhandlung speziell für Erdbebenereignisse.

Insofern ist dieses ein Beitrag zu Extremwerttheorien, die anhand von im Folgenden aufgeführten Beispiel theoretischer Hintergrund sein können.

In der Wissenschaft sind es seltene Ereignisse, wie zum Beispiel seismische Fälle, also Erdbeben.

In der im weiteren Verlauf der erfolgenden Bearbeitung wird das Kernthema sein:

„Beobachtung der Entwicklung und des Beitrags von Erdbeben hoher Stärke durch das Einwirken von Erdbeben niedriger Stärke."

Vor dem Einstieg in den analytischen Teil dieser Abhandlung, wird eine Überleitung von offensichtlich symmetrischen Objekten zu den asymmetrisch/logarithmischen dargestellt.

Abb. 1.1 Gauss' sche Glockenkurve

In den Untersuchungen werden ausschließlich Überlegungen zu Statistik und zur Wahrscheinlichkeitsrechnung durchgeführt. Einflussnahmen von Daten aus anderen Einflussgrößen werden nicht berücksichtigt.

1.1 Der Unterschied: Mathematische Wahrheit durch Beweis – statistische Näherung an Wahrheit durch Experimente

Wenn Wissenschaftler versuchen, die Wahrheit zu finden – im Sinne von – 100 prozentiger Gewissheit – werden sie scheitern. Es wird zu jeder Zeit einen Unterschied zwischen der mathematischen und der statistischen Wahrheit geben.

Eine mathematische Wahrheit wird als mathematischer Beweis definiert.

Eine statistische Wahrheit, für die niemals einen Beweis in mathematischer Sicht gefunden werden kann, gilt nur als Vergleich von Stichproben einer Reihe von Versuchswerten mit einer theoretischen Dichtefunktion, die immer von der Menge der Versuche abhängt, die sie erheben.

Die Antwort lautet also letztendlich: Einerseits wird mit der Stärke eines deterministischen Algorithmus im mathematischen Sinne agiert, andererseits wird eine Datenmenge im statistischen Sinne unter Verwendung einer Dichteverteilung wie der logarithmischen Dichteverteilung zur Näherung an eine Wahrheit ausgewertet.

In Verbindung mit den vorangegangenen Ausführungen wird darauf hingewiesen, dass diese Arbeit ausschließlich statistisch-probabilistische Aussagen macht, Einflüsse anderer Fachgebiete sind nicht berücksichtigt.

Eine Beispiel für die Erarbeitung einer mathematischen Wahrheit ist der Beweis des Satze des Pythagoras. Die oft publizierte Grafik ist diese grafische Darstellung eines Zahlenbeweises in dem die Wahrheit durch einen zwingenden Logikfall herbeigeführt wird (Abb. 1.2).

Demgegenüber steht die statistisch-probabilistische Wahrheitsfindung, die Näherung an eine Übereinstimmung von Verhältnissen durch einen Regressionstest, die durch die Methode der kleinsten Quadrate herbei geführt wird. Diese Methode wird im weiteren Verlauf der Gegenüberstellung der Häufigkeitswerte von Magnitudenwerten und den Wahrscheinlichkeitswerten aus der logarithmischen Equibalancedistribution verwendet. Die prozentuale Höhe des ermittelten Bestimmtheitsmaßes ist daher als Näherungswert zur Übereinstimmung zu betrachten (Abb. 1.3).

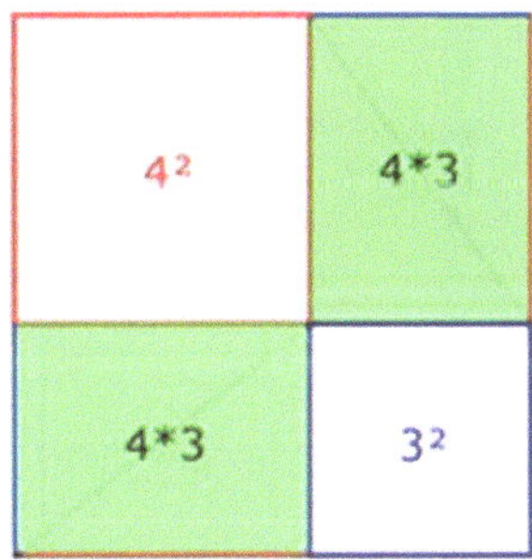
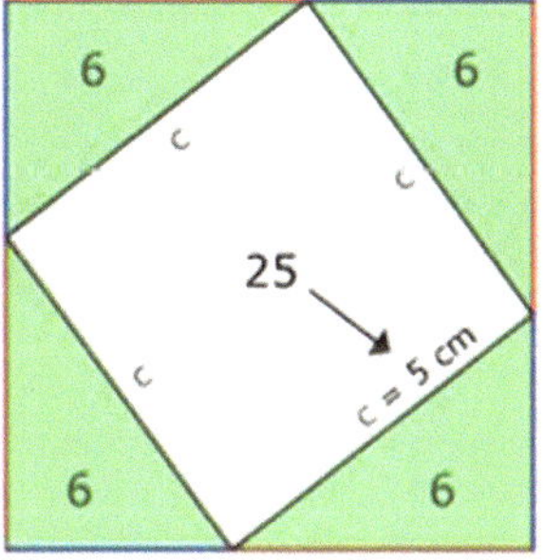

Abb. 1.2 Beweis des Satzes des Pythagoras

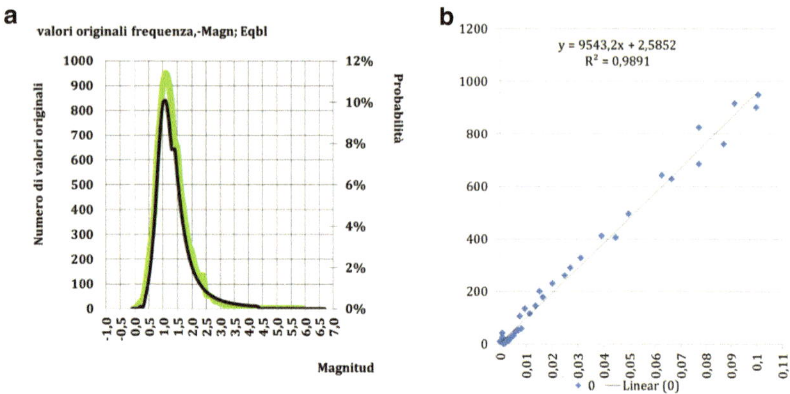

Abb. 1.3 **a** Häufigkeitswerte – Wahrscheinlichkeitswerte, **b** Methode der Kleinsten Quadrate

Erscheinungsformen von Häufigkeitsverteilungen, wie sie sich in nahezu allen Fachgebieten offenbaren, beeinflussen die objektive Erfassung von Sachlagen dahin gehend, dass sie oft als Urteilsgrundlage herangezogen werden. Auch die Prozesswelt bedient sich gerne einfacher, einprägsamer grafischer Darstellungen. Die von Gauß entwickelte symmetrische Normalverteilungsdichte ist ein gutes Beispiel dafür. Andererseits gibt es zahlreiche asymmetrische Prozesslagen, für die dann speziell angepasste Dichtefunktionen entwickelt wurden.

Die logarithmische Equibalancedistribution Eqbl, die erweitert wurde, um die Steilheit/ Kurtosis zu objektivieren, soll dadurch Abhilfe schaffen, dass sie über einen Schiefeparameter, als auch über einen logarithmischen Einfluss, dem vierten Parameter möglichst viele der speziell angepassten Dichtefunktionen ersetzt.

Für statistisch – probabilistische Betrachtungen stellt sich die neu entwickelte Formel einer rechts- oder linksschiefen Verteilung, verbunden mit der Kurtosis, die „logarithmische Equibalancedistribution Eqbl" für die Analyse von Messwerten als theoretische Variante dar. Die bislang zur Beschreibung herangezogene symmetrische Normalverteilung ist in der Eqbl nicht mehr als vereinfachter Sonderfall enthalten, sondern stellt sich mit ihrem logarithmischen Anteil auf die Bedingungen multiplikativer Einflüsse aus den Rohdaten ein.

Auch für die Eqbl gilt: Es ist jedoch so, dass es durch die gegenseitige Beeinflussung der Parameter auf die Werte, welche die Eqbl liefert nicht möglich sein wird, mit einer üblichen Statistik einzelne Parameter zu schätzen, weil sie alle schon im Erwartungswert vorkommen.

2.1 Wissenschaft/Erdbebenbeobachtung

Erdbebenmessungen werden in Erdbebengebieten kontinuierlich durchgeführt. Heftige Ausschläge kündigen sich sehr spontan, meist ohne einen genügend langen Beobachtung- und Messzeitraum an. Die entsprechenden Histogramme dazu fallen ebenfalls durch „lange Schwänze" auf (s. Abb. 2.1). Eine Gegenüberstellung mit einer normal verteilenden Varianz ist in dieser Erscheinung nicht zielführend. Allerdings wird bezweifelt, dass, aufgrund der Spontaneität der auftretenden Erdbebenereignisse, selbst eine neue Funktion helfen kann, diese frühzeitig zu erkennen. Interessanterweise liefert aber eine rechnerische Verbindung aus der Eqbl und einer Häufigkeitsverteilung empirischer Art die Hoffnung auf neue Erkenntnisse zur Vorhersage heftiger Erdbeben – diese sollen im Folgenden aufgeführt werden.

2.2 Statistik/Stochastik – Probabilistik

Dieses Fach kennt verschiedene bildhafte Erscheinungen. Diejenige, welche am einprägsamsten wirkt, ist die symmetrische Normalverteilung bei der Symmetrie sich dadurch offenbart, dass sich eine theoretische Streuung von Werten um einen hypothetischen Erwartungswert verteilt. In der bekannten Gauss'schen Glockenkurve mit den Parametern μ für den Erwartungswert und σ der Streuung (s. Abb. 2.2) nimmt sie für die Werte $\mu = 0$ und $\sigma = 1$ die Form der Standardnormalverteilung an. Sie hat eine überzeugend einfache, spiegelbildliche Form und wird oft zur Beurteilung von Prozesseigenschaften herangezogen. Das macht ihre Beliebtheit für sehr viele Wissenschaftsanwendungen aus.

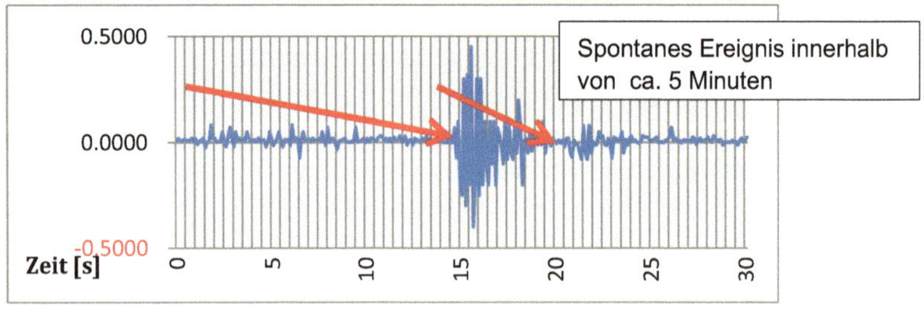

Abb. 2.1 Erdbebenaufzeichnung

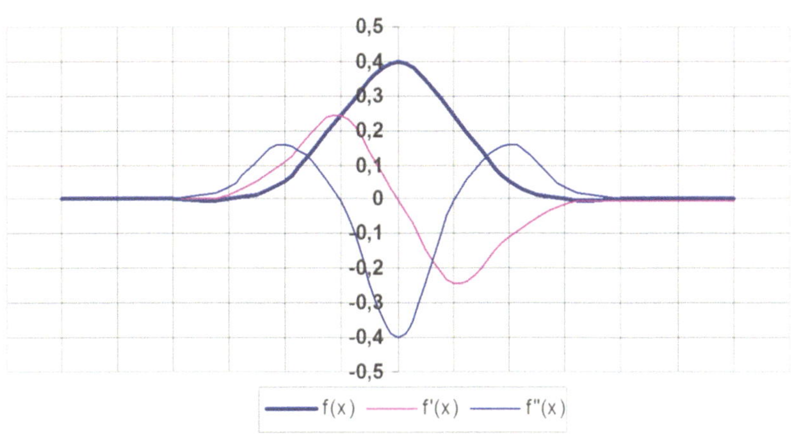

Abb. 2.2 Standardnormalverteilung, 1. und 2. Ableitung

Die Standardnormalverteilung wird beschrieben durch die Formel/Funktion, für die gilt $\sigma = 1$, $\mu = 0$:

$$f_{(x)} = \frac{1}{\sigma\sqrt{2\pi}}\,e - \frac{1}{2}\left(\frac{x-\mu}{\sigma}\right)^2 \tag{2.1}$$

2.3   Erweiterter Grundsatz

Asymmetrie beherrscht die Natur und deren Gesetze. Nichts, das zu beobachten und zu messen ist, erscheint mit vollständig symmetrischen Eigenschaften. Aus statistischer Sicht formuliert: Erhebungen aus Messdaten oder Zählungen zu Eigenschaften von Prozessen jedweder Art sind nicht symmetrisch um einen arithmetischen Mittelwert verteilt. Die diesbezügliche links- als auch rechts davon auftretende Streuung ist unterschiedlich und damit um den Mittelwert asymmetrisch verteilt. Zur Asymmetrie gesellt sich oft unentdeckt die Kurtosis, die Steilheit der Häufigkeitsverteilungen und die sehr weite Streuung von Messdaten um einen Maximalwert. Sie erscheint in Form von nicht immer außergewöhnlich langen Ausläufern – die Grundlage dafür, den beobachteten Prozess als extrem zu bezeichnen. Dabei können sich Schiefe und Kurtosis überlagern. Diese Fälle offenbaren sich in Häufigkeitsverteilungen oft nicht, und sind nur durch mathematische Schätzverfahren festzustellen. Obwohl in zahlreichen Dokumenten beschrieben, wird zunächst die grundlegende Theorie skizziert, welche der Symmetrie, der Schiefe und der Kurtosis von Häufigkeitsverteilungen und ihrem theoretischen Pendant innewohnt.

2.4 Berücksichtigungen von Zitaten gemäß Literaturverzeichnis

1. The Effect of Magnitude Uncertainty on Earthquake, RMW Musson, British Geological Survey, West Mains Road, Edinburgh EH9 3LA

„Ideally, calculations should take account of the fact that the magnitude values in any earthquake catalogue are imprecise. Even when magnitudes are determined from good-quality modern instrumental data, one might expect an uncertainty of the order of at least 0.2 magnitude units, and for historical data this is likely to be higher. Estimation of the uncertainty, especially for historical events, is a complex issue that will not be addressed here."

2. Model selection and uncertainty in earthquake hazard analysis

„Synthetic samples from an unbounded Gutenberg-Richter distribution show that the uncertainty in extreme events does not improve with a greater temporal sampling window, since extreme events are always equally rare. The 95% confidence limits from a Poisson distribution of residuals in these synthetic data, and real data from subduction zones, take on a trumpet-like shape that describes the data well, and justifies the assumption of Poisson errors in maximum likelihood fits of models to the data. The 95% confidence limits quantify both the slow convergence to a central limit at low magnitude and the large uncertainty at large magnitude."

3. EFFECTS OF MAGNITUDE UNCERTAINTIES ON SEISMIC HAZARD

„For the distribution of equation (3), the individual terms in the numerator of (8) are given by

$$\int_{m_0}^{\infty} m f_j(m)\,dm = (x_j - \sigma_j^2 \beta)\left[1 - \Phi\left(\frac{m_0 - x_j + \sigma_j^2 \beta}{\sigma_j}\right)\right] + \sigma_j \phi\left(\frac{m_0 - x_j + \sigma_j^2 \beta}{\sigma_j}\right) \tag{9}$$

where φ and Φ denote the standard normal density and cumulative distribution function, respectively. A more complex, but nevertheless computable, formula applies if magnitude rounding is allowed for (Rhoades 1996). In either case, the backfitting procedure is to use an initial estimate of β to get an intial estimate of fj(m) by equation(3), and then to apply equations (8) and (3) alternately until the estimate of β converges, usually in just a few iterations."

4. Complex Number Theory without Imaginary Number (i)
„If addition, subtraction, multiplication, division, power and root can be found/ calculated without imaginary number „i", presented in this paper, so there is nothing mystical or imaginary about imaginary number „i". Complex numbers exist without imaginary number „i"."

2.5   Erklärung des Authors

Die vor genannten Zitate haben insbesondere dadurch Bedeutung, dass sie nach wie vor auf die Hindernisse hinweisen, mit denen die Unsicherheit von Erdbebenstärken und ihres zeitlichen und örtlichen Auftretens hinweisen.

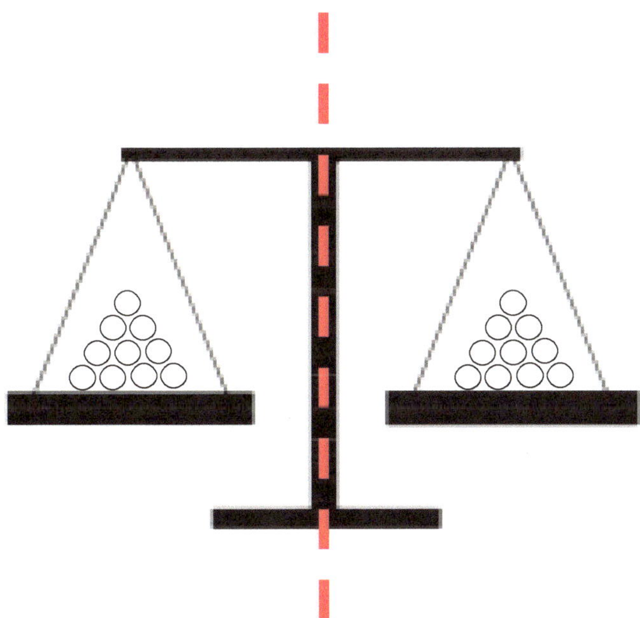

Abb. 2.3 Waage im Gleichgewichtszustand mit symmetrischer Streuung

Die nachfolgende Arbeit soll aufzeigen, dass es Methoden gibt die Unsicherheit einzugrenzen, wenn sie selber aber auch von der Qualität der Messdaten abhängt.

Eine statistische Erhebung umfasst die Menge aller Messdaten die zur vollständigen Grundgesamtheit gehören. In diesem Fall werden alle Magnitudenstärken in ihrer Häufigkeit erfasst und mit der theoretischen Verteilung verglichen.

2.6   Symmetrie

Die Macht der Symmetrie ist gegenwärtig. Sie beeinflusst selbst unser Verhalten. Wir sind immer geneigt, der Symmetrie den Vorrang zu lassen. Sie beeinflusst unser Denken und Handeln zutiefst. Gerne lassen wir uns durch das Idealbild der Symmetrie – der Waage – dazu verleiten, die Sichtweise auf die Gegenstände zunächst auf ihre Symmetrieeigenschaften zu untersuchen (s. Abb. 2.3)

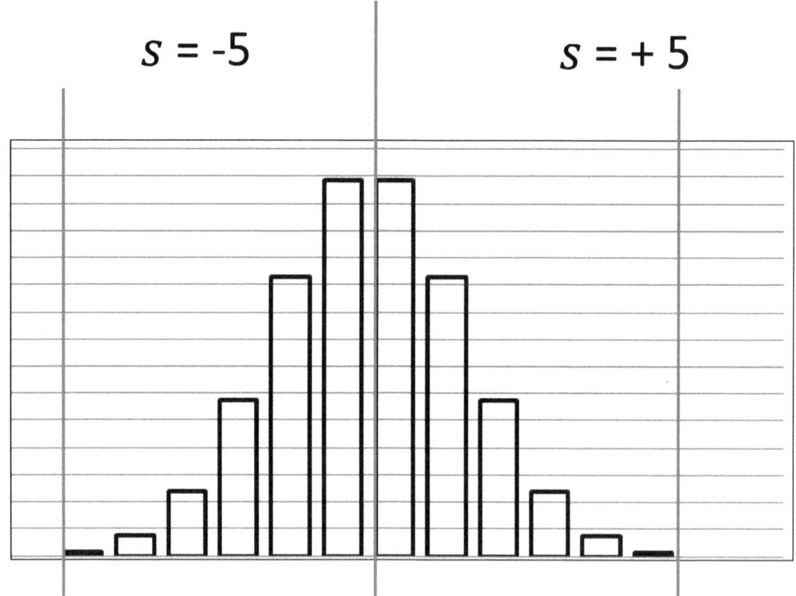

Abb. 2.4 Streuung s der Ganggenauigkeit Quarzuhr

Im Idealfall ist die Streuung sehr dicht um ein Maximum gelagert (s. Abb. 2.4). Ein Beispiel dafür sind ganggenaue, Quarzfrequenz gesteuerte Uhren, deren Abweichungen – heutzutage – nachweislich bei s = +/−0,05 s pro Tag im Mittel sind.

Die Vorstellung, der Idealfall könnte auf jeden Prozess übertragen werden, kann nicht aufrecht gehalten werden, wenn gemessene Streuwerte schief, bisweilen extrem schief und extrem steil um ein Maximum verteilt erscheinen. Daher werden zwei Verteilungsformen betrachtet, welche, wie sich herausstellen wird, gemeinsam zu einer Formel führen, die in großer Näherung aus Stichproben auf die Grundgesamtheit schließen lassen.

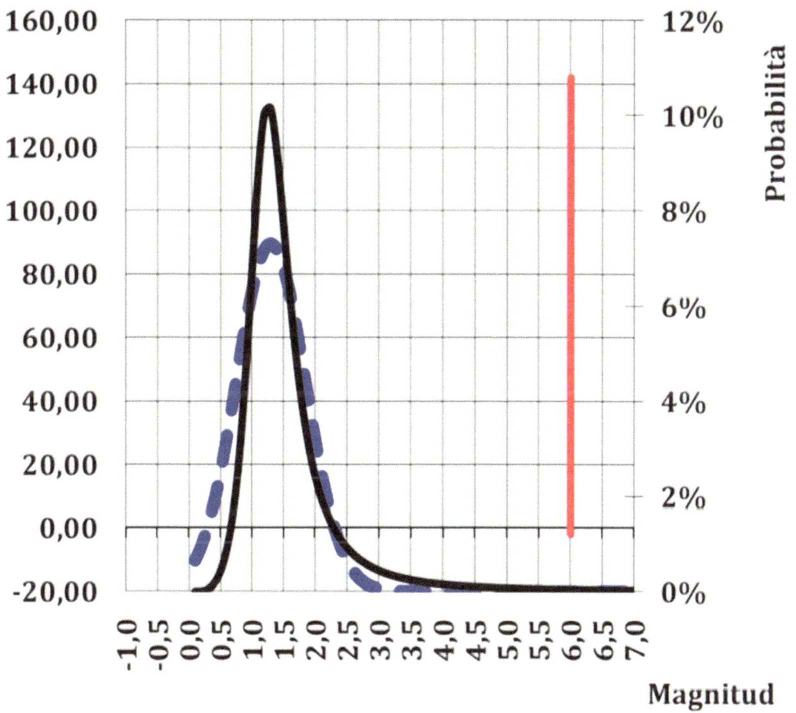

Abb. 2.5 Normalverteilung gestrichelt, Equibalancedistribution schwarz

2.7   In stochastischen Systemen (logarithmische Verteilungsformen)

Nicht alle Verteilungsformen verlieren an Gültigkeit, wenn die Mengenbildung für Messungen aus Beobachtungsgebieten wie z. B. aus der Seismologie stammen. Die Normalverteilung ist dort, wie die nahe Vergangenheit zeigte (>Erdbeben, „wilder Zufall") allerdings nicht verwendbar. Risiken werden unterschätzt, wenn die angewendete Stochastik versagt (s. Abb. 2.5).

Die Entwicklung der Normalverteilung wurde zu Lebenszeit des Verfassers Gauß entwickelt. Eine weitere Differenzierung hinsichtlich der Schiefen hätte den Rechen- und Überprüfungsaufwand auf Plausibilität (Prüfung, dass die Summe der Dichteverteilung gegen 1 konvergiert), um ein Vielfaches der Zeit verlängert. Daher haben sich zu unterschiedlichen Zeiten unterschiedliche Verfasser mit den Problemen der schiefen Verteilungen auseinander gesetzt.

3.1 Parabolische, logarithmische Verteilungen

Oft sind Prüfungen notwendig, die sicherstellen sollen, dass eine empirische Erhebung von Messwerten hinreichend genau mit der theoretischen übereinstimmt, denn man will wissen, wie sich ein Ereignisverlauf in der Zukunft verhält.

Ein Hypothesentest nach Kolmogorow – Smirnov soll beweisen, dass eine Population einer Normalverteilung folgt. Das hängt damit zusammen, dass dem Augenschein nach – dabei dieses wörtlich zu nehmen – Ereignisdaten sich nicht symmetrisch um einen Mittelwert verteilen, sondern unsymmetrisch. Das wird offensichtlich durch links- oder rechtschiefe – außerdem auch durch die steile, logarithmisch beeinflusste – Formgebung der Verteilung.

3.2 Rechts- und linksschiefe, steile Dichteverteilungen

Dabei geht es dann natürlich auch darum, diejenigen Ereignisse zu detektieren, die jenseits der Grenzwerte beobachtet werden.

Doch wo sind nun die Grenzwerte festzulegen, wenn Verteilungen nicht symmetrisch sind, oder fataler noch, die Schieflagen von Stichprobe zu Stichprobe von links um den Mittelwert auf die rechte Seite wandern (s. Abb. 3.1a und b)?

Die meisten Prozesse unterliegen Beeinflussungen, die verhindern, dass eine konstante Streuung der Ereignisse beobachtet werden kann. Insofern darf die Normalverteilung überhaupt nicht zur Anwendung kommen.

Auch andere Wissenschaftsbereiche hadern mit den bestehenden statistischen Analysewerkzeugen. So berichtet Julia Prahm in ihrer Diplomarbeit „Eine Anwendung über Peak over Threshold" (1) über die Untersuchung, dass sich sinngemäß, eine kombinierte Paretoverteilung besser zur Anpassung der Werte eignet, als die Gauss'sche Normalverteilung. So berichten Finanzanalytiker von berechtigter, negativer Kritik an der Nutzung der Normalverteilung. Abhilfe schaffen können Betrachtungsweisen, wie sie von Mathematikern entwickelt wurden, die konkreten Anlass darin sahen, die Normalverteilung zu ergänzen oder zu ersetzen. Auch der Autor sah sich veranlasst, verschiedene Tests durchzuführen, welche die eine oder andere Wahrscheinlichkeitsdichtefunktion in Betracht ziehen könnte.

Dabei wurde zunächst die Equibalancedistribution entwickelt, wie sie analytisch auch in dem vorangegangenem Buch „Der dritte Parameter und die asymmetrische Varianz" von Depperschmidt/Hellwig behandelt wurde. Offensichtlich

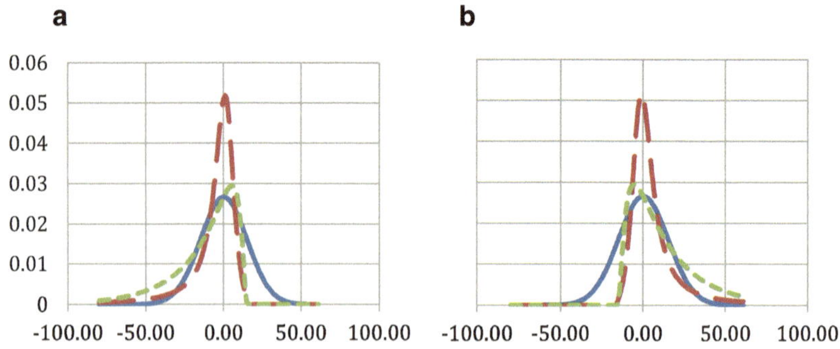

Abb. 3.1 **a** Schiefe Verteilungen rechtssteil **b** Schiefe Verteilungen linkssteil

wurde für Urwerte logarithmischer Natur, dass diese weitaus steiler ausfallen als diejenigen, die der mathematisch, parabolischen Grundlage der Eqb folgen. Die Unterschiede werden in den Abb. 3.1a und b ersichtlich.

Der Untersuchungsgegenstand sind Messwerte aus dem Kapitalmarkt, den Kursveränderungen, die notwendig sind, um frühzeitig auf Kurseinbrüche reagieren zu können. Ausschlaggebend für den Ersatz der Normalverteilung durch eine andere Wahrscheinlichkeitsdichtefunktion ist das Erscheinen so genannter „dicker Schwänze", einer „heavy tail" Verteilung wie sie sich dann offenbart, wenn Ereignisserien dazu tendieren Messwerte zu liefern, welche die zulässige Anzahl vom Soll überschreiten.

3.3   In stochastischen Systemen (logarithmische Verteilungsformen)

Nicht alle Verteilungsformen verlieren an Gültigkeit, wenn die Mengenbildung für Messungen aus Beobachtungsgebieten wie z. B. aus der Finanzwelt stammen. Die Normalverteilung ist dort, wie die nahe Vergangenheit zeigte (>Börsencrash, „wilder Zufall") allerdings nicht verwendbar. Risiken werden unterschätzt, wenn die angewendete Stochastik versagt logarithmische Verteilungen erscheinen flach-gipflig oder steilgipflig (s. Abb. 3.2 und folgende).

Praktiker stehen oft vor der „Qual der Wahl", wenn es darum geht, eine probate Verteilungsform für den Gegenstand der Untersuchung zu finden. Oft zeigen sich Messdaten in normalverteilter, möglicherweise in leicht links- oder rechtsschiefer Gestalt.

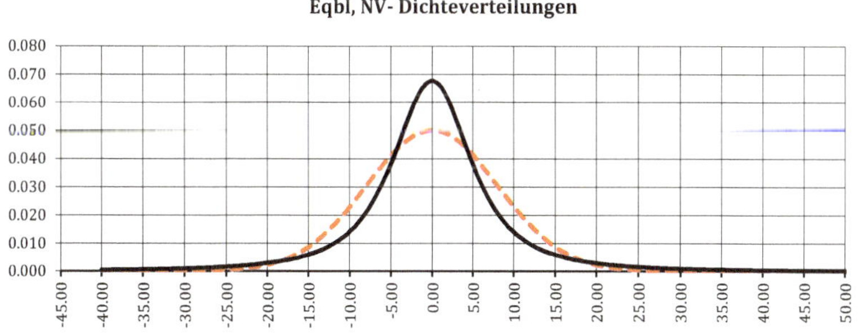

Abb. 3.2 Dichteverteilungen unter symmetrischer Varianz (gestrichelt), logarithmisch -, normal verteilt

Finanzdaten aus Aktienkursen zeigen oft sehr steile Anstiege und sehr weitläufige Enden, die mit denen aus anderen Wissenschaften nichts Gemeinsames zu scheinen haben. Oft haben diese aber dafür deutliche symmetrische Formen.

In den folgenden Darstellungen sind nacheinander Überlagerungen von Symmetrie, Schiefe und Kurtosis, sowie Kombinationen der Varianz davon dargestellt.

3.3.1   In stochastischen Systemen (logarithmisch und normal verteilte, symmetrische Verteilungen)

Siehe Abb. 3.2

3.3.2   In stochastischen Systemen (logarithmisch- und schiefverteilte, asymmetrische Verteilungen)

Aus dem vorangegangenen Buch geht hervor, dass empirisch ermittelte Häufigkeitsverteilungen und Stichproben mit der Equibalancedistribution gut bewertet werden können. Es besteht eine Einschränkung, wenn die Schätzwerte für die Kurtosis logarithmischen Charakter haben. Dann soll die nunmehr vorgestellte logarithmische Variante präzisere Schlüsse auf die Grundgesamtheit liefern. Erhalten bleibt aber auch die Einfluss der Schiefe, der in der damit in der Variante erhalten bleibt. Entsprechende Auswirkungen auf die Steilheit/Kurtosis sind in den folgenden Abb. 3.3 und 3.4 dargestellt.

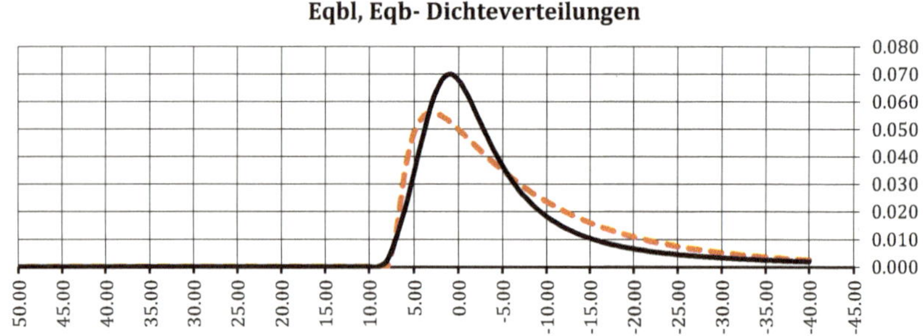

Abb. 3.3   Dichteverteilungen unter asymmetrischer Varianz

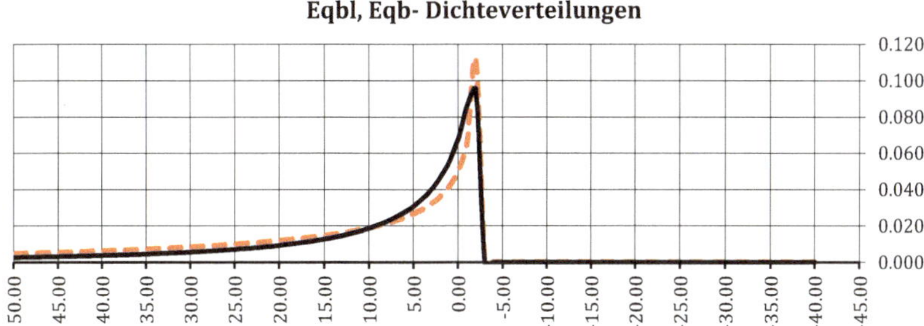

Abb. 3.4 Dichteverteilungen unter steiler, asymmetrischer Varianz

3.3.3   In stochastischen Systemen (logarithmisch- und schiefverteilte, steile asymmetrische Verteilungen)

Beiden Funktionen, Eqb und Eqbl ist gemeinsam, dass sie mit zunehmender Schiefe auch einer gemeinsamen Kurtosis nähern, Abb. 3.4. Dieses ist dadurch bedingt, dass beide Funktionen einem gemeinsamen Maximum zustreben, dass sich dem Modalwert der Häufigkeitsverteilung anpasst.

Die drei Schaubilder (Abschn. 3.3.1, 3.3.2 und 3.3.3) zeigen also deutliche Unterschiede in den erkennbaren Mustern. Daher verfügen sie auch über ein differenzierteres mathematisches Konstrukt um den Messergebnissen und den daraus ermittelten Häufigkeitsverteilungen aus den Stichproben gut annähern zu können. Wurde noch in dem vorangehenden Buch Titeln „Der dritte Parameter und die asymmetrische Varianz" ausschließlich die Schiefe betrachtet, so wird in der Vorbereitung der logarithmischen Variante der Steilheit – in Verbindung mit der Schiefe – Rechnung getragen, dieses um dem Anteil an extremen Werten gerecht zu werden und damit der – Extremwerttheorie und der Berechnung von „wilden Zufällen" Unterstützung zu geben.

Dabei wird der Abbildung das Hauptaugenmerk gewidmet 3.2, da offensichtlich und in der Finanzwelt als auch in der Erdbebenstatistik bekannt ist. Es gilt aber nach wie vor festzustellen, ob der Häufigkeitsverteilung eine Schiefe innewohnt, die dazu führen kann, dass die rein symmetrische Verteilung in Anbetracht der unterschiedlichen Prägung der „Schwänze" zu falscher Auslegung führen können. In den weiteren Ausarbeitungen sind Fälle aufgezeigt, in denen diese Unterschiede wirksam werden.

In Anlehnung an das Gedankenexperiment zur parabolisch beeinflussten Equibalancedistribution Eqb liegt die Antwort in dieser Ausführung:

- entspricht die symmetrische Streuung der Verteilung von Kugeln auf einem symmetrischen Galton-Brett (s. Abb. 3.5), …
- … so entspricht die steile Streuung, dem Prinzip eines Galton-Bretts (s. Abb. 3.6a, b) dieser Ausführung

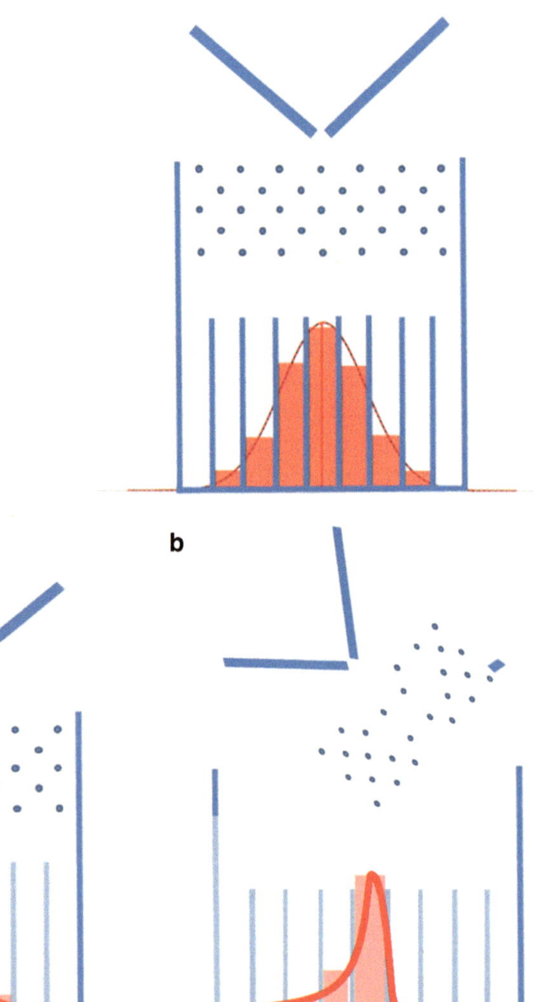

Abb. 3.5 Galtonbrett mit normal verteilter Streuung/ parabolischer Varianz

Abb. 3.6 **a** Galtonbrett mit steiler Streuung/logarithmischer Varianz, **b** dergleichen mit Varianz und Schiefe

Die logarithmische Funktion Eqbl ersetzt die Gauss'sche Normalverteilung – ohne auf die Parameter der Varianz und Erwartungswert zu verzichten – da sie sowohl rechts- als auch linksschiefe Varianzen berücksichtigt ohne die Dichte von 1 zu überschreiten.

Nun kommt ein weiterer Parameter κ für Kurtosis hinzu, der unter anderem extreme Varianzen – unter Beteiligung von Schiefen zulässt.

Dieser zusätzliche Parameter κ in Verbindung mit dem Schiefeparameter der ρ der Eqberschließt der Wissenschaft die erweiterte Wahrscheinlichkeitsdichtefunktion Eqbhl der logarithmischen Version der Equibalancedistribution, wie im folgenden Kapitel erläutert wird.

Der zusätzliche 4. Parameter Kurtosis κ ist nunmehr ein neuer Bestandteil einer Funktion, welche die Steilheit berücksichtigt. Da der Exponentialterminus der Eqbl logarithmisch geprägt ist kann keinerlei Beziehung zur Eql hergestellt werden. Sie ist damit eine eigenständige Funktion deren Parameter sich aus den Parameterschätzungen aus den Stichproben ergeben.

$$\mathrm{Eqbl}(x; \mu, \delta, \rho, \kappa) = 1/\left(\delta\sqrt{2\pi} * (\rho/\kappa)\right)e^{-4\log\left(1+\left(\frac{1}{2}*(\kappa/\rho)\right)\right)\left(\frac{x-\mu}{\delta}\right)^2}, \mathrm{f\ddot{u}r}$$
$$\rho = (1 - r\,\%(x - \mu)) \tag{4.1}$$

Da sie die Parameter Schiefe und Kutosis berücksichtigt, kann sie die logarithmische Normalverteilung ersetzen, denn sie berücksichtigt Schiefen als auch die Kurtosis.

$$\mathrm{NVlog} = 1/\left(\delta\sqrt{2\pi}x\right) * e^\wedge\left(1/2\left(((\ln(x) - \mu)/s)^\wedge 2\right)\right); x > 0 \tag{4.2}$$

Ihre Warscheinlichkeitsdichte bleibt in „Schieflagen" bei 1 und schließt die Normalverteilung in symmetrischem Fall ein (s. Abb. 4.1).

4.1   Entwicklung der Eqbl – Beweis durch Induktion

Untersucht wird die mathematische Funktion logarithmische Equibalancedistribution Eqbl:

© Der/die Herausgeber bzw. der/die Autor(en), exklusiv lizenziert durch
Springer Fachmedien Wiesbaden GmbH, ein Teil von Springer Nature 2020
M. Hellwig, *Equibalancedistribution (Eqbl) in der Analyse von Erdbebendaten*,
https://doi.org/10.1007/978-3-658-29632-2_4

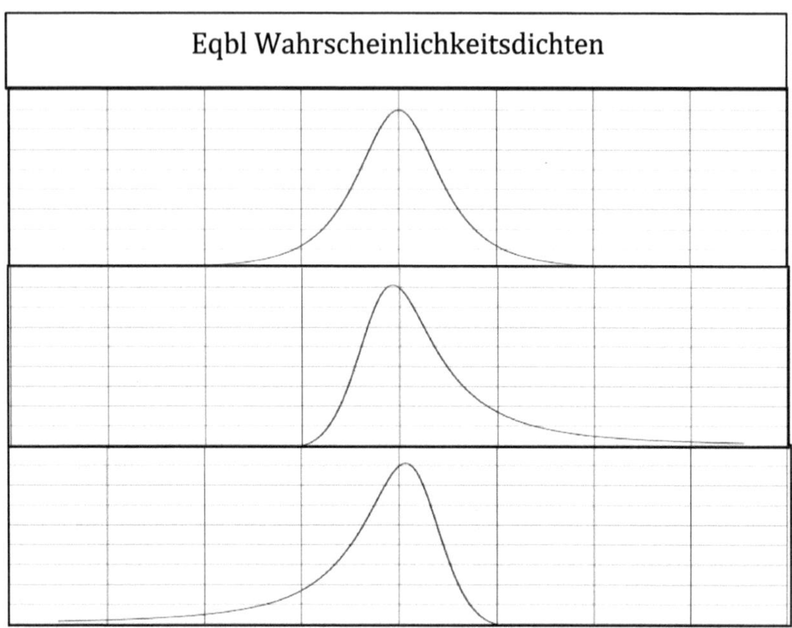

Abb. 4.1 Eqbl

Dazu betrachten wir die ursprüngliche Gl. $\sqrt{\pi} \approx 1{,}772453851 \approx \lim\limits_{x \to \infty} e^{-x^2}$ für $x \in \mathbb{R}$, sodass die Dichte einer Normalverteilung

$$1 \cong \frac{1}{\sqrt{2\pi}} \int_{-x}^{x} e^{\frac{-x^2}{2}}\, dx \tag{4.3}$$

ist.

Gleicherrmaßen entwickelt sich die logarithmische Version der Gl. $1/\log(\sqrt{\pi}) \approx 4{,}022931735$, sodass die Dichte einer logarithmischen NV als Grundlage für eine Eqbl

$$1 \cong \frac{1}{\sqrt{2\pi}} \int_{-x}^{x} e^{\left(4*\log(1+(-x^2/2))\right)}\, dx \tag{4.4}$$

ist.

4.1.1 Konvergenzvergleiche NV/logarithmische NV

Eine Tab. 4.1. mag die Konvergenz der NV logarithmisch im Vergleich zur NV gegen 1 bestätigen.

Tab. 4.1 NV, NV logarithmisch

	NV $1 \cong \frac{1}{\sqrt{2\pi}} \int\limits_{-x}^{x} e^{-x^2/2}$	NV logarithmisch $1 \cong \frac{1}{\sqrt{2\pi}} \int\limits_{-x}^{x} e^{\left(4*\log(1+(-x^2/2))\right)}$
Σ	**1,000000005**	**0,990874022**
10	7,6946E-23	0,000431079
9	1,02798E-18	0,000616698
8	5,05227E-15	0,000918293
7	9,13472E-12	0,001437141
6	6,07588E-09	0,002396004
5	1,48672E-06	0,004338296
4	0,00013383	0,008774473
3	0,004431848	0,020642788
2	0,053990967	0,059165093
1	0,241970725	0,197246006
0	0,39894228	0,39894228
−1	0,241970725	0,197246006
−2	0,053990967	0,059165093
−3	0,004431848	0,020642788
−4	0,00013383	0,008774473
−5	1,48672E-06	0,004338296
−6	6,07588E-09	0,002396004
−7	9,13472E-12	0,001437141
−8	5,05227E-15	0,000918293
−9	1,02798E-18	0,000616698
−10	7,6946E-23	0,000431079

4.2   Funktion Eqbl

Wird die Funktion Eqbl um die weiterhin zu berücksichtigenden Parameter Erwartungswert, Varianz, und der Schiefe – wie sie im Springer-Buch „Der Dritte Parameter und die asymmetrische Varianz" dargestellt wurde – ergänzt und der Parameter für die Kurtosis eingeführt, so soll der Klärung der Unterschiede beider Funktionen einem Vergleich unterzogen werden.

4.2.1   Funktionsvergleiche Eqb/logarithmische Eqbl rechtssteil

Die Auswirkungen der Berücksichtigung der vor genannten Parameter seien wie folgt grafisch an der Tab. 4.2 und 4.3 an den Abb. 4.2a, b und 4.3a, b dargestellt:

4.2.2   Funktionswertevergleiche Eqb/logarithmische Eqbl linkssteil

4.3   Parameterschätzungen aus Stichproben

Zahlenwerte aus den Parameterschätzungen sind die Übergabeparameter an die vorgestellten Funktionen Eql und Eqbl. Da geschätzt,unterliegen sie Unschärfen, die, je geringer die Anzahl der Messungen aus Stichproben ist, desto größer ist ihr Wert ausfällt.

Dazu sei hier erinnert an das „Gesetz der großen Zahlen" und an den „Zentralen Grenzwertsatz", als Grundlage für die folgenden Schätzparameter:

geschätzter Mittelwert:

$$\widehat{\mu}^2 = \bar{x} = \frac{1}{n} \sum_{i=1}^{n} (x_i) \tag{4.5}$$

geschätzte Streuung:

$$\widehat{\sigma}^2 = s_n^2 = \frac{1}{n-1} \sum_{i=1}^{n} (x_i - \bar{x}) \tag{4.6}$$

Tab. 4.2 Eqb blau, Eqbl rot

P=	0,98735464				Eqb	Eqbl
δ	**2**		ρ	**12 %**		
μ	**0**		κ	**4**		
0	0	0	−0,2	10	**0,00E+00**	**0,00E+00**
0	0	0	−0,1	9	**0,00E+00**	**0,00E+00**
1,802E-05	1,802E-05	1,802E-05	0,04	8	**4,88E-88**	**6,37E-06**
0,000157807	0,00017583	0,000157807	0,16	7	**4,18E-18**	**5,58E-05**
0,00053048	0,00070631	0,00053048	0,28	6	**1,40E-08**	**1,88E-04**
0,001511108	0,00221741	0,001511108	0,4	5	**4,51E-05**	**5,34E-04**
0,004297507	0,00651492	0,004297507	0,52	4	**2,09E-03**	**1,52E-03**
0,013367518	0,01988244	0,013367518	0,64	3	**1,52E-02**	**4,73E-03**
0,048698743	0,06858118	0,048698743	0,76	2	**4,19E-02**	**1,72E-02**
0,194639236	0,26322042	0,194639236	0,88	1	**6,52E-02**	**6,88E-02**
0,39894228	0,6621627	0,39894228	1	0	**7,05E-02**	**1,41E-01**
0,198534807	0,86069751	0,198534807	1,12	−1	**5,96E-02**	**7,02E-02**
0,067543224	0,92824073	0,067543224	1,24	−2	**4,23E-02**	**2,39E-02**
0,027048717	0,95528945	0,027048717	1,36	−3	**2,64E-02**	**9,56E-03**
0,013021596	0,96831104	0,013021596	1,48	−4	**1,50E-02**	**4,60E-03**
0,007195231	0,97550627	0,007195231	1,6	−5	**7,91E-03**	**2,54E-03**
0,004393564	0,97989984	0,004393564	1,72	−6	**3,93E-03**	**1,55E-03**
0,002888514	0,98278835	0,002888514	1,84	−7	**1,86E-03**	**1,02E-03**
0,002008721	0,98479707	0,002008721	1,96	−8	**8,50E-04**	**7,10E-04**
0,001459456	0,98625653	0,001459456	2,08	−9	**3,76E-04**	**5,16E-04**
0,001098117	0,98735464	0,001098117	2,2	−10	**1,62E-04**	**3,88E-04**

geschätzte Schiefe:

$$\hat{\rho} = \frac{1}{n} \sum_{i=0}^{n} ((x_i - \bar{x})/s)^3 \tag{4.7}$$

Tab. 4.3 Eqb blau, Eqbl rot

P=	0,98689104				Eqb	Eqbl
Δ	2		ρ	-24 %		
M	-7		λ	4		
0,000496646	0,00049665	0,000496646	5,08	10	**2,55E-05**	**1,76E-04**
0,000574891	0,00107154	0,000574891	4,84	9	**4,31E-05**	**2,03E-04**
0,00067206	0,0017436	0,00067206	4,6	8	**7,27E-05**	**2,38E-04**
0,000794538	0,00253813	0,000794538	4,36	7	**1,23E-04**	**2,81E-04**
0,000951564	0,0034897	0,000951564	4,12	6	**2,06E-04**	**3,36E-04**
0,001156868	0,00464657	0,001156868	3,88	5	**3,46E-04**	**4,09E-04**
0,001431488	0,00607806	0,001431488	3,64	4	**5,80E-04**	**5,06E-04**
0,001808829	0,00788689	0,001808829	3,4	3	**9,68E-04**	**6,40E-04**
0,0023442	0,01023108	0,0023442	3,16	2	**1,61E-03**	**8,29E-04**
0,003133841	0,01336493	0,003133841	2,92	1	**2,67E-03**	**1,11E-03**
0,004355545	0,01772047	0,004355545	2,68	0	**4,38E-03**	**1,54E-03**
0,006362704	0,02408317	0,006362704	2,44	-1	**7,14E-03**	**2,25E-03**
0,00992453	0,0340077	0,00992453	2,2	-2	**1,15E-02**	**3,51E-03**
0,01691721	0,05092491	0,01691721	1,96	-3	**1,82E-02**	**5,98E-03**
0,032609604	0,08353452	0,032609604	1,72	-4	**2,80E-02**	**1,15E-02**
0,07425652	0,15779104	0,07425652	1,48	-5	**4,14E-02**	**2,63E-02**
0,19888978	0,35668082	0,19888978	1,24	-6	**5,73E-02**	**7,03E-02**
0,39894228	0,7556231	0,39894228	1	-7	**7,05E-02**	**1,41E-01**
0,190148882	0,94577198	0,190148882	0,76	-8	**6,86E-02**	**6,72E-02**
0,035665762	0,98143774	0,035665762	0,52	-9	**3,74E-02**	**1,26E-02**
0,005453296	0,98689104	0,005453296	0,28	-10	**2,40E-03**	**1,93E-03**

geschätzte Kurtosis:

$$\hat{\kappa} = \left(\frac{n(n+1)}{(n-1)(n-2)(n-3)} \sum_{i=0}^{n} ((x_i - \bar{x})/s)^4 \right) - \frac{3(n-1)^2}{(n-2)(n-3)} \quad (4.8)$$

Hinweis 1: Einschlägige Literatur weist auf die Ermittlung von Stichprobenumfänge hin, die notwendig sind, um signifikante Ergebnisse zu erhalten.

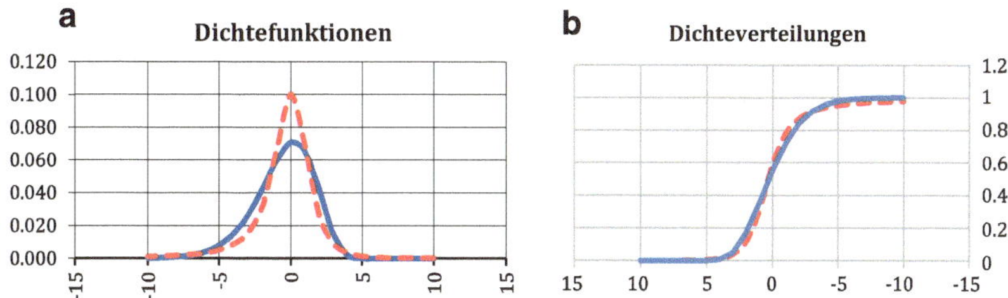

Abb. 4.2. **a, b** blau Eqb, rot gestrichelt Eqbl, für $\delta = 2$, $\mu = 0$, $\rho = 12\,\%$, $\kappa = 2$

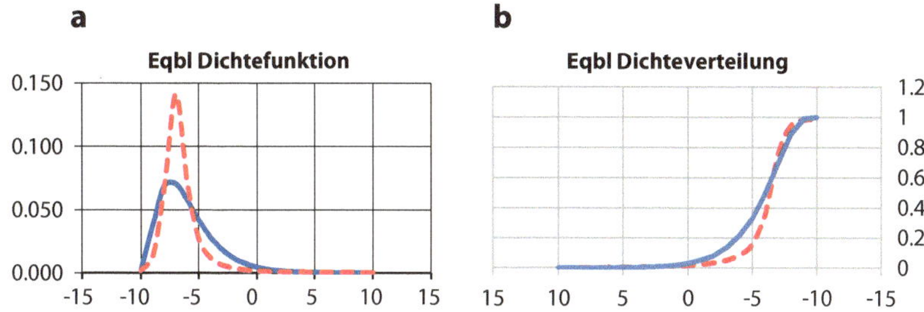

Abb. 4.3 **a, b** blau Eqb, rot gestrichelt Eqbl, für $\delta = 2$, $\mu = -7$, $\rho = -24\,\%$, $\kappa = 4$

Hinweis 2: Der geschätzte Mittelwert wird ersetzt durch den Modalwert. Dieses ist dadruch begründet, dass der Erwartungswert, der einer symmetrischen Normalverteilung innewohnt, bei schiefen/steilen Verteilung nicht zur Anwedung kommen kann, da ein erwartetes Maximum dem Modalwert sehr nahe kommt. Selbst die Nullstelle der 1. Ableitung der Eqbl kommt dem erwarteten Maximum der Häufgkeit sehr nahe. Eine zusätzliche, einfache Funktion, wie sie in Kap. 7 beschrieben ist kann dazu dienen, die Lage des erwarteten Maximums eines Messdatensatzes abzuschätzen.

Die logarithmische Equibalanceverteilung ist ein Typ stetiger Wahrscheinlichkeitsverteilungen.

Die Schiefe der Verteilung wird durch den 3. Parameter ρ, die Kurtosis durch den 4. Parameter κ gegeben, eine stetige Zufallsvariable ist X mit der Wahrscheinlichkeitsdichte f: R $\rightarrow$ R] (Abb. 5.1).

© Der/die Herausgeber bzw. der/die Autor(en), exklusiv lizenziert durch 29
Springer Fachmedien Wiesbaden GmbH, ein Teil von Springer Nature 2020
M. Hellwig, *Equibalancedistribution (Eqbl) in der Analyse von Erdbebendaten,*
https://doi.org/10.1007/978-3-658-29632-2_5

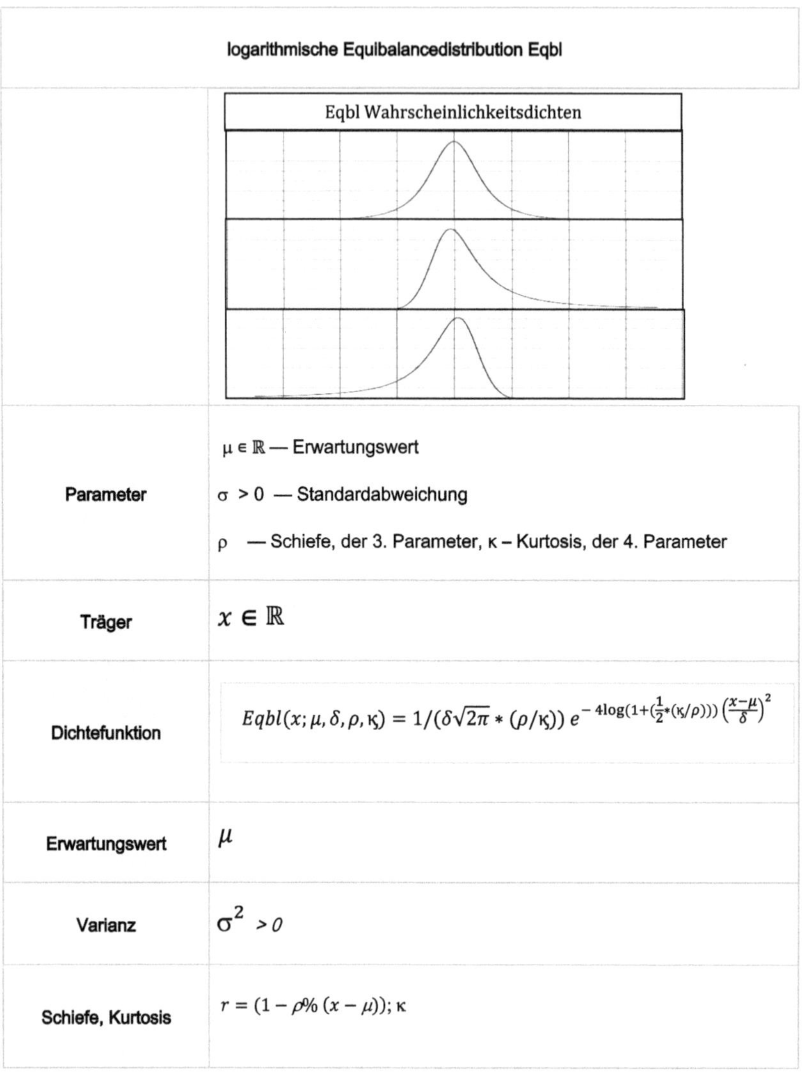

Abb. 5.1 Eigenschaften der Eqbl

In anfänglichem Kapitel wurde das Ziel genannt, Erdbebenentwicklungen mit starker Wirkung frühzeitig zu erkennen. Alle fachlichen Beiträge (5,6,7) aber verweisen darauf, dass dieses Ziel unrealistisch ist, da Erdbebengebiete zwar zuverlässig identifiziert und in zahlreichen Publikationen beschrieben wurden, jegliche Voraussagen derart jedoch gescheitert sind. Erdbeben großer Intensität sind seltener als solche niederer Intensität, deswegen gehört die Analyse der Daten dazu in der Fachgebiet „Extremwerttheorie".

Zur Anwendung bei den folgenden Analysen kommen Datenerhebungen von Erbebenereignissen aus verschiedenen Quellen die da sind:

Italien, Indirizzo ufficiale: http://terremoti.ingv.it

Spanien, http://www.ign.es/

Indien, durch freundliche Überlassung von Herrn Deepak Bhalchandra Gode, Master of Science (statistics), Census of India, Department Directorate of Census Operations, Position Assistant Director

Unterstützung hinsichtlich statistischer Aussagen und der Verwendung der Fourierfunktion erfolgten ebenfalls durch auch durch Herrn Deepak Bhalchandra Gode als auch durch

Edward G. Brown, Master of Science, United States Department of Health and Human Services, Department Health Resources and Services Administration, Position Statistician.

6.1   Darstellung Messaparaturen, Messwerte und Skalen

6.1.1   Messaparatur

Bewegungen von Massen, die relativ zu einer anderen Masse ruhend sind können gemessen werden in dem die ruhende Masse elastisch in allen räumlichen Koordinaten gelagert ist. Gleiches Verfahren findet in der Messung von Erdbewegungen angewendet.

Eine ruhende Masse wird realisiert durch beispielsweise eines metallenen Körpers der federnd gelagert ist.

Die bewegte Masse, im folgenden Beispiel sind das Erdteile, die durch Erschütterung in Bewegung versetzt werden, bewirkt, dass sich ihr Untergrund relativ zur ruhenden Masse verschiebt.

Diese räumlichen Verschiebungen können elektromagnetisch aufgezeichnet werden. Die Apparatur dazu wird Seismograf, die Messungen dazu werden Seismogramm genannt, die Aufzeichnung eine Zeitreihenmessung von Verschiebungen – Magnituden genannt -, deren Werte logarithmisch aufgezeichnet werden.

6.1.2   Messwerte und Skalen

Die Erhebung der Messwerte von Erdbeben erfolgt über die Stationierung von Messaparaturen an geeigneten Standorten. In dem Schwerpunkt dieser Ausarbeitung werden die Messwerte der folgenden Internetadresse genutzt: Italien: Indirizzo ufficiale: http://terremoti.ingv.it.

Zur Visualisierung und Skalierung der Werte dient beispielsweise der Seismograf. Er zeichnet die Messwerte auf einem logarithmisch orientierten Papierstreifen auf. Über eine geeignete Umrechnung erfolgt der Schluss auf die auf der Richterskala angegebenen Erdbebenbeurteilungen.

Bekannter Weise erfolgt eine Skalierung der Erdbebenstärke über die von Charles Francis Richter und Beno Gutenberg entwickelte Richterskala (Abb. 6.1 und 6.2).

6.1.3   Datenmenge

Für statistisch-probabilistische Aussagen ist es notwendig eine Datenmenge zur Berechnung zur Verfügung zu stellen. Dabei ist es zwingend erforderlich alle

Richter-Magnituden	Einteilung der Erdbebenstärke	Erdbebenauswirkungen	Häufigkeit der Ereignisse weltweit	freigesetzte Energie
(TNT-Äquivalent in t (Energie in J))[3]				
< 2,0 (< 4,2 GJ)	Mikro	Mikro-Erdbeben**, nicht spürbar	8000-mal pro Tag (> Magnitude 1,0)	bis 1 t
2,0 … < 3,0 (4,2 bis 135 GJ)	extrem leicht	Generell nicht spürbar, jedoch gemessen	1500-mal pro Tag	1 bis 32 t
3,0 … < 4,0 (135 bis 4.200 GJ)	sehr leicht	Oft spürbar, Schäden jedoch sehr selten	49.000-mal pro Jahr (geschätzt)	32 bis 1.000 t
4,0 … < 5,0 (4,2 bis 135 TJ)	leicht	Sichtbares Bewegen von Zimmergegenständen, Erschütterungsgeräusche; meist keine Schäden	6200-mal pro Jahr (geschätzt)	1 bis 32 kt
5,0 … < 6,0 (135 bis 4.200 TJ)	mittelstark	Bei anfälligen Gebäuden ernste Schäden, bei robusten Gebäuden leichte oder keine Schäden	800-mal pro Jahr	32 bis 1.000 kt
6,0 … < 7,0 (4,2 bis 210 PJ)	stark	Zerstörung im Umkreis bis zu 70 km	120-mal pro Jahr	1 bis 50 Mt
7,0* … < 8,0 (210 bis 4.200 PJ)	groß	Zerstörung über weite Gebiete	18-mal pro Jahr	50 bis 1.000 Mt
8,0* … < 9,0 (4,2 bis 23,5 EJ)	sehr groß	Zerstörung in Bereichen von einigen hundert Kilometern	einmal pro Jahr	1 bis 5,6 Gt
9,0* … < 10,0 (23,5 bis 4.200 EJ)	extrem groß	Zerstörung in Bereichen von tausend Kilometern	alle 20 Jahre	5,6 bis 1.000 Gt
10,0 (> 4.200 EJ)	globale Katastrophe	Noch nie registriert	unbekannt	> 1.000 Gt

Abb. 6.1   Richterskala (https://de.wikipedia.org/wiki/Richterskala)

Magnitude	freigesetzte seismische Energie (Es) (in Joule)	seismische Energie in Joule	Wellenperiode in Sekunden	a in g	v in km/h	MWstd	kj	Ws
	log(Es) = 4,8 + 1,5*M			9,81				
1	6,3	2,00E+06	0,03125	0,015328125	0,0	5,54E-06	2,00E+04	2,00E+04
2	7,8	6,31E+07	0,0625	0,03065625	0,0	1,75E-04	6,31E+05	6,31E+05
3	9,0	2,00E+09	0,125	0,0613125	0,0	5,54E-03	2,00E+07	2,00E+07
4	10,8	6,31E+10	0,25	0,122625	0,2	1,75E-01	6,31E+08	6,31E+08
5	12,3	2,00E+12	0,5	0,24525	0,7	5,54E+00	2,00E+10	2,00E+10
6	13,8	6,31E+13	1	0,4905	2,8	1,75E+02	6,31E+11	6,31E+11
7	15,3	2,00E+15	2	0,981	11,2	5,54E+03	2,00E+13	2,00E+13
8	16,8	6,31E+16	4	1,962	44,6	1,75E+05	6,31E+14	6,31E+14
9	18,3	2,00E+18	8	3,924	178,6	5,54E+06	2,00E+16	2,00E+16
10	19,8	6,31E+19	16	7,848	714,2	1,75E+08	6,31E+17	6,31E+17
	a = Bodenbeschleunigung, g = 9,81 m/s2							
	v = Bodenschwinggeschwindigkeit							

Abb. 6.2   Umrechnung der Magnituden in dynamische Energie

Messdaten zu nutzen. Das wird in den nachfolgenden Ausführungen der Fall sein. Eine derartige Datenmenge wird dadurch bereit gestellt, dass Daten aus einer Vergangenheit gesammelt werden. Eine statistisch-probabilistische Aussage wird dann möglich wenn aus dieser sogenannten Grundgesamtheit Parameter errechnet werden, die über die Wahrscheinlichkeitsfunktion auf die Zukunft des Verhaltens des Systems schließen lassen.

Das zur Verfügung stehende Dokumentationssystem terremoti.ingv.it verfügt über Daten eines weitgespannten Messdatennetzes, sodass sichergestellt ist, dass die ausgewertete Datenmenge Schlüsse aus der Vergangenheit auf die Zukunft zulässt.

6.2   Erdbebengebiet Italien – Vorlauf zum Erdbeben in Mittelitalien

Markantes Erdbebengebiet in den Grenzen der Europäischen Union ist Italien. Die Erdbeben werden kontinuierlich aufgezeichnet, in diesem Kapitel werden Magnituden zwischen 0 und 6 betrachtet.

Die folgenden Unterkapitel zu diesem Hauptkapitel beziehen sich auf das Gesamterkundungsgebiet des terremoti.ingv.it des Istituto Nazionale di Geofisica e Vulcanologia.

Dabei erstrecken sich die Ereignisse in unterschiedlicher Häufigkeit und Stärke über das Staatsgebiet und dessen Ränder an Alpen, Mittelmehr, Adria und der afrikanischen Küste. Dort bewegen sich Erdplatten unterschiedlicher Richtungen gegeneinander. Entsprechend differenziert fallen Messwerte an.

6.2.1   Messsequenz

Eine typische Messsequenz wird wie folgt auf einem Seismogramm logarithmischer Skalierung sichtbar (Abb. 6.3).

6.2.2   Logarithmisch aufgetragene Werte

Die Aufzeichnungen der logarithmisch aufgetragenen Werte werden über Umrechnung in Zehnerpotenzen als Magnituden in Mikrometern μ aufgezeichnet. Dabei gilt folgende Umrechnung für eine Messung der Ausschlagsstärke der Art: $10\,\mu m = \lg 10 =$ Magnitude der Stärke 1, da $10^1 = 10$

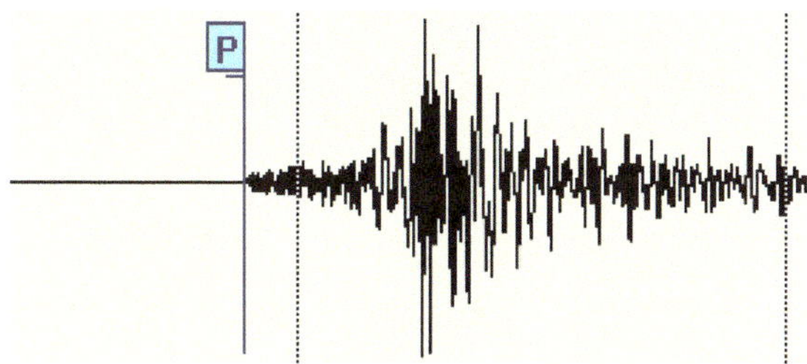

Abb. 6.3 Seismogramm Macerata 26.08.2016 (https://www.zamg.ac.at/cms/de/geophysik/news/erneut-zwei-schwere-erdbeben-in-mittelitalien/image/image_view_fullscreen)

$$100\ \mu m = \lg 100 = \text{Magnitude der Stärke 2, da } 10^2 = 100$$

$$1000\ \mu m = \lg 1000 = \text{Magnitude der Stärke 3, da } 10^3 = 1000\ldots$$

6.2.3 Herkunft und Anwendung der Messwerte

Als Schwerpunkt der Analysen von Erdbeben dienen die Messwerte der Messstationen der bezeichneten Institution: Istituto Nazionale di Geofisica e Vulcanologia, Rom, Italien.

Entgegen der Auffassung, dass für Erdbebenerscheinungen nur diejenigen Messwerte genutzt werden mögen, die oberhalb einer Magnitude (M) von 2 liegen werden alle Messwerte für die folgenden Analysen verwendet.

Der Hintergrund dafür liegt in der Auffassung des Autors, dass eine erhöhte Anzahl niederer Magnitunden entlang einer Zeitspanne Hinweise auf nachfolgende starke Erdbeben verweisen.

Die Grundgesamtheit für die Erdbebenanalysen wurden datenmäßig wie in der folgenden, beispielhaften Tab. 6.4 aus dem vor genannten Internetauftritt des Istituto Nazionale di Geofisica e Vulcanologia, Rom, Italien als Textdatei erfasst und weiterverarbeitet (Abb. 6.4).

23486811|2019-11-26T00:02:24,720000|40,6468|15,4787|8,9|SURVEY-INGV||||ML|1,4|–|3 km S Ricigliano (SA)

23486841|2019-11-26T00:16:54,860000|38,1525|15,1112|9,9|SURVEY-INGV||||ML|2,5|–|Costa Siciliana nord-orientale (Messina)

23486861|2019-11-26T00:54:27,030000|44,1812|10,2053|8,9|SURVEY-INGV||||ML|1,0|–|1 km N Minucciano (LU)

23487191|2019-11-26T02:04:36,300000|40,8667|15,2447|9,2|SURVEY-INGV||||ML|1,5|–|2 km NW Teora (AV)

23487211|2019-11-26T02:08:35,150000|42,9257|12,8887|10,6|SURVEY-INGV||||ML|0,9|–|5 km NW Sellano (PG)

Abb. 6.4 Textdatei (Istituto Nazionale di Geofisica e Vulcanologia, Rom, Italienkala)

event	valori originali	Magn	giorno	km	Frequenza
#EventID	EventLocationName	Magnitude			
23486811	3 km S Ricigliano (SA)	1,4	26.11.2019	3	00:02:24,720000
23486841	Costa Siciliana nord-orientale (Messina)	2,5	26.11.2019	0	00:16:54,860000
23486861	1 km N Minucciano (LU)	1	26.11.2019	1	00:54:27,030000
23487191	2 km NW Teora (AV)	1,5	26.11.2019	2	02:04:36,300000
23487211	5 km NW Sellano (PG)	0,9	26.11.2019	5	02:08:35,150000

Abb. 6.5 Formatdatei (Instituto Nazionale di Geofisica e Vulcanologia, Rom, Italien)

Diese Daten wurden für eine MS-Excel® – Datei aufbereitet und so zur Weiterverwendung formatiert (Abb. 6.5).

6.3   Vermutung

Entgegen der Auffassung von Fachleuten, dass die Wirksamkeit von Magnituden von Erdbeben erst mit einer Stärke größer 2 zur merklichen Entfaltung käme, ist der Autor der Auffassung, dass alle Messungen zur Auswertung kommen mögen.

Der Grund für ihn liegt für ihn dafür in der Häufigkeitsverteilung in Beziehung zu ihrem wahrscheinlichen Auftreten und den Auswirkungen als gespeicherte, dynamische Energie, die dann zum – möglicherweise katastrophalen Ausbruch – kommt, wenn die Speicherung ein Maß überschreitet. Als Mitglied der Vereinigung https://www.researchgate.net wurde der Autor mit der Frage eines weiteren Mitgliedes, Mr Petrus Johannes Vermeulen, konfrontiert, die wie folgt lautet:

„May I ask philosophers in probability theory and theory of science to provide an opinion on the problem of estimating the largest possible event?"

„Darf ich Philosophen der Wahrscheinlichkeits- und Wissenschaftstheorie bitten, eine Stellungnahme zum Problem der Schätzung des größtmöglichen Ereignisses abzugeben?"

Die Frage führte zu Gedankenexperimenten wie sie im folgenden grafisch dargestellt und textlich ergänzt sind.

Eine einfache Skizze, wie sie in Abb. 6.6 dargestellt ist stellt den ersten Gedankengang dazu dar.

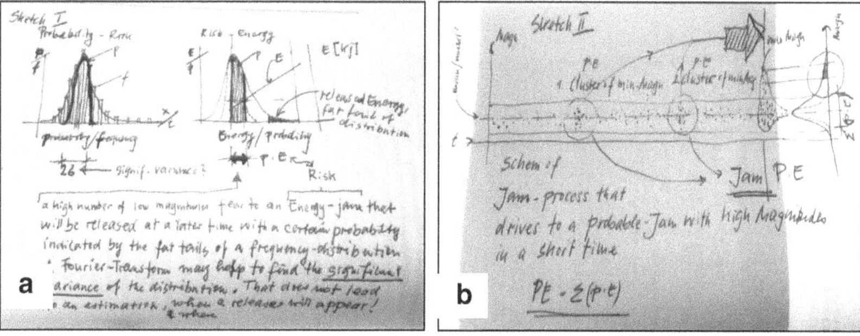

Abb. 6.6 Darstellung der Vermutung, **a** Eine hohe Anzahl niederer Amplituden führt zu **b** einem energiereichen Stau

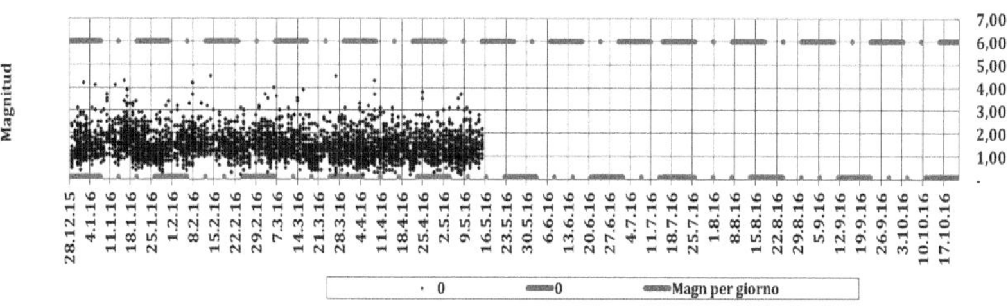

Abb. 6.7   Messdaten, Anzahl Magnituden pro Tag und Stärke bis zum 16.05.2016

6.3.1   Aufzeichnung der Messdaten entlang einer Zeitachse bis 09.05.2016

Werden die Werte der aus der zuvor aufgeführten seismologischen Erhebung als Magnituden entlang einer Zeitachse dargestellt, so ergibt sich folgendes Bild der Zeitriehe in Abb. 6.7 und 6.10.

6.3.2   Prüfung der Häufigkeitsverteilung der Zeitreihe gegenüber der theoretischen Dichte

(Siehe Abb. 6.8)

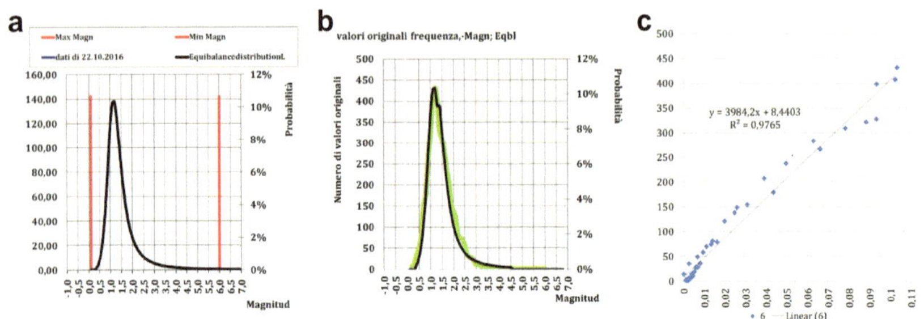

Abb. 6.8 **a** Dichte Eqbl in den Grenzen Min Magn/Max Magn, **b** Häufigkeitsverteilung/Dichte, **c** Bestimmtheitsmaß

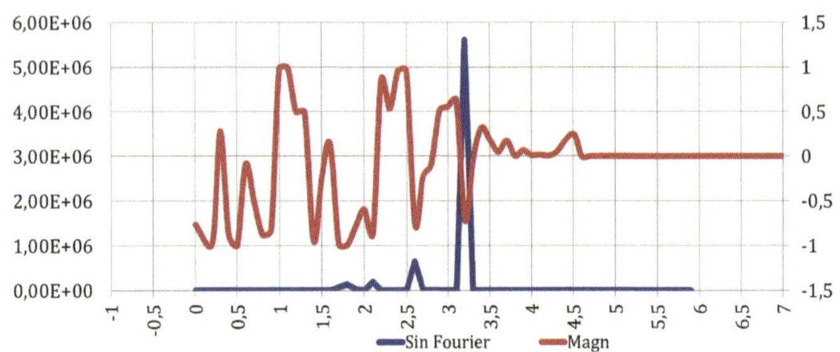

Abb. 6.9 Magnitudenschwerpunkte entsprechend ihrer Häufigkeiten

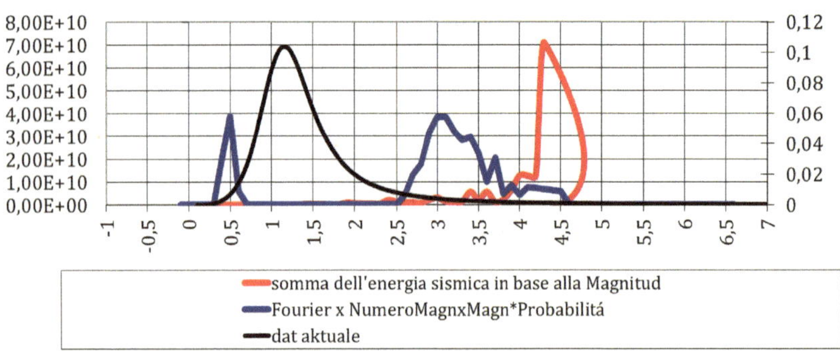

Abb. 6.10 Zusammenhang der Fourieranalyse, Wahrscheinlichkeitsdichte, energetischer Stau

Die Prüfung der Häufigkeitsverteilung gegenüber der Dichte der Eqbl zeigt eine gute Übereinstimmung, was die Funktionswerte und die statistischen Werte betrifft. Die durchgeführte Regressionsanalyse ergibt einen hinreichend großen Wert der Bestimmtheit über einen linearen Trend. Die Datenmenge entspricht des unter 6.10 Darstellung der Vermutung erhobenen Auszugs aller Messungen der Erdbebenmagnituden zwischen den Werten 0 und 7 zwischen dem 28.12.2015 und dem 16.05.2016 aller Messdaten der registrierenden Messstationen über Italien des genannten Institutes.

Auf Anregung Mr Edward G. Brown erfolgte eine Analyse der Datenmenge mit einer Fourieranalyse, da Magnituden aperiodisch erfolgen (s. a. „A model for aperiodicity in earthquakes", Center for Complex and Nonlinear Science).

Sie offenbarte, dass der Rhythmus dem die Magnitudenstärken folgen eine Frequenz aufweist, die auf die Schwerpunkte der jeweiligen Magnituden-Häufigkeiten hindeutet. Die Frequenz wird hergeleitet aus dem zeitlichen Abstand jeweils zweier aufeinanderfolgender Messungen aus Abb. 6.5 und 6.9 Formatdatei.

Daraus lässt sich herleiten in welch hoher Anzahl die Magnituden entsprechend ihrer Wahrscheinlichkeit zur Eqbl- Dichtefunktion steht und wie groß der energetische Stau in dieser Relation ist (Abb. 6.10).

Die seismische Energie die den Messgrößen innewohnt wird in Tonnen des Sprengstoffes TNT angegeben. Die zuvor aufgeführte Richter-Skala dient in der folgenden Abbildung der Darstellung der Korrelation von Sprengkraft und Wahrscheinlichkeit des Abschnitts aus Abb. 6.7 Messdaten, Anzahl Magnituden pro Tag und Stärke, die auf einen energetischen Stau weisen (Abb. 6.11).

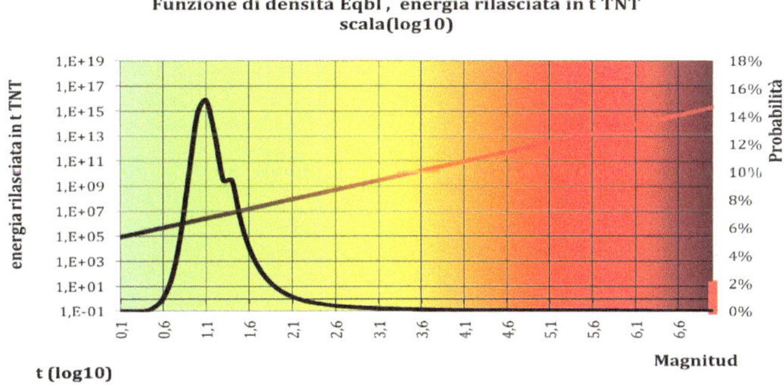

Abb. 6.11 Zusammenhang seismische Energie und Wahrscheinlichkeit des betrachteten Abschnitts

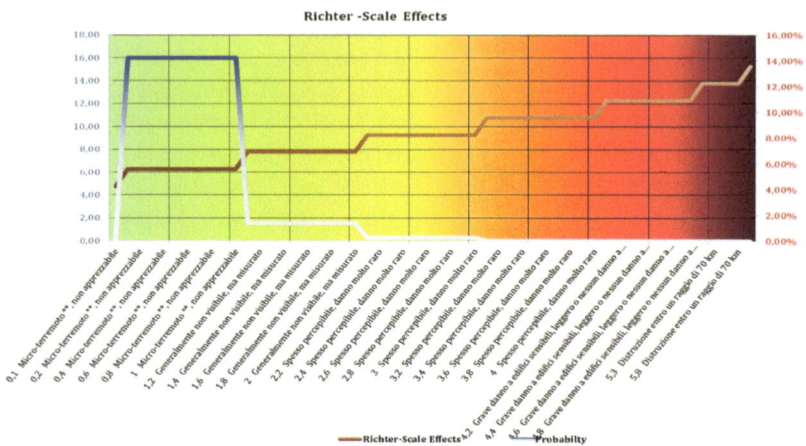

Abb. 6.12 Zusammenhang seismische Energie und Wahrscheinlichkeit des betrachteten Abschnitts auf der Richter Skala

Die Effekte werden auf der Richter Skala in Zusammenhang der seismischen Energie des betrachteten Abschnitts in der folgenden Abbildung sichtbar. Diese Skalierung beschreibt verbal das Risiko, das offenbar in den erlebten und erfahrenen Erschütterungen gemacht wurden (Abb. 6.12).

6.3.3　Zur Anwendung der Fouriertransformation

Auf Ausarbeitung von Mr Deepak Bhalchandra Gode, Directorate of Census Operations, Mumbai, India wurde zur Verwendung des imaginären Anteils in der Fourierfunktion (Abb. 6.13):

$$\mathcal{F}(\varepsilon) = \int_{-\infty}^{\infty} f(\varepsilon)e^{-i2\pi x\varepsilon}dx \tag{6.1}$$

s. a. Complex Number Theory without Imaginary Number (i) Deepak Bhalchandra Gode, Received 26 July 2014; revised 20 September 2014; accepted 23 October 2014:

„In the understanding there is no need of i in Fourier transformation, the fourier-series it self is a series of complex number, together with cos and sin. In

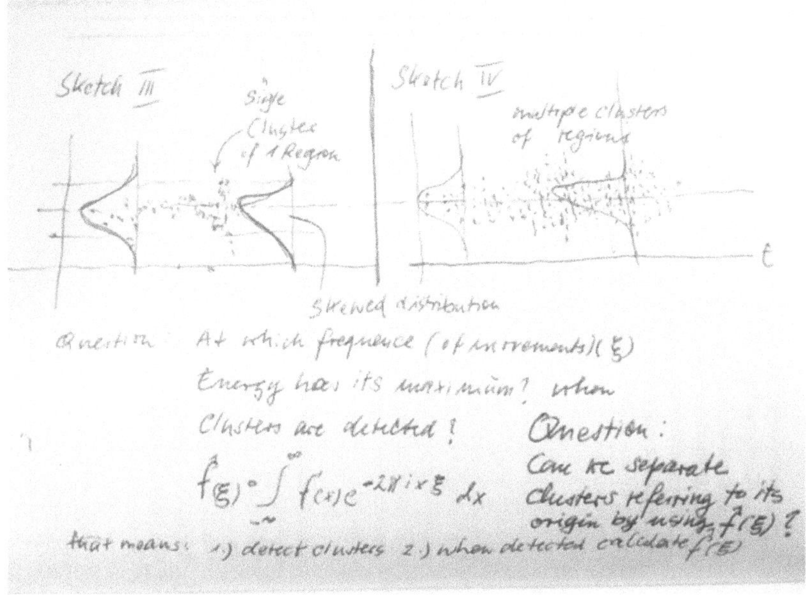

Abb. 6.13 Foruriertransformation betrachteten Abschnitts

the derivation of Fourier transformation formula suddenly imaginary number i was introduced (see a derivation), why? No explanation. In my opinion i imaginary number was just misleading and it really changed/stopped the understanding of Fourier transformation."

6.3.4 Vertiefung der Vermutung

Es wurde die Vermutung niedergeschrieben, dass alle Erdbebenstöße, gleich welcher Höhe sie sind auf ein größeres Erdbeben hinwirken, derart, dass eine Ansammlung vieler niederer Magnituden letzt und endlich ein energetisches Potenzial bilden, was spontan und gebündelt freigelassen wird und gemäß dem Prinzip actio = reaktio reagiert und sich der Widerstand in der betroffenen Masse durch Beben äußert. Dazu wurde der nächste Gedankengang dahin gehend geführt, dass wohl jeder Magnitudengröße eine Wahrscheinlichkeit zukommt, die in Korrelation zur Anzahl der Magnitudengröße steht Die Vermutung wird

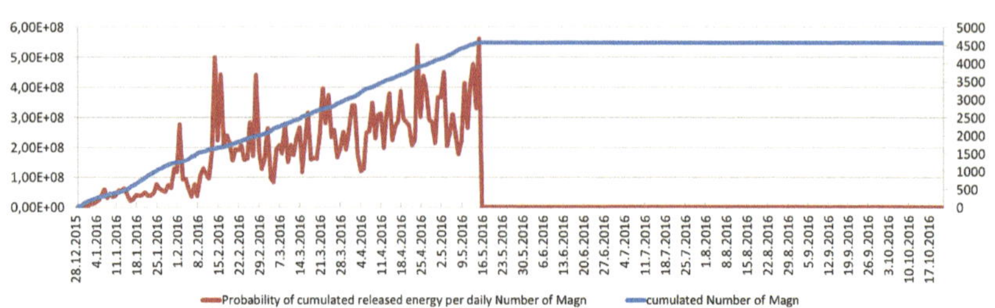

Abb. 6.14 Wahrscheinlichkeit aufsummierter Energie pro Tag gezählter Magnituden, kumulierte Anzahl von Magnituden bis 16.05.2018

dadurch bestätigt, das auch die Fouriertranformation der Sinuswerte der zeitlichen Differenz des Auftretens von Magnituden bis 16.05.2018 bereits zu dieser Zeit auf einen Schwerpunkt der Magnituden von >4 hinweist.

Diese Beziehung äußert sich in der folgenden aufgeführten Form und Grafik. In der Berechnung dazu wird die Summe der Anzahl der gemessenen Magnituden über die Zeit täglich und die Wahrscheinlichkeit der kumulierten Energie (gem. Richter) in Beziehung gesetzt. (Abb. 6.14)

Die Fourier-Transformation hilft bei der Analyse der Erdbebenfrequenzen, sie werden aus dem genutzten System aus der zeitlichen Differenz zweier aufeinanderfolgender Messungen gewonnen. Die Transformation weist auf die Intensität, die in der beobachteten Zeitspanne vertreten ist.

Die Ergebnisse der Fouriertransformation weisen zu vorangegangener Zeitspanne deutlich auf eine Konzentration der Magnitudenstärke von >4 hin.

6.4 Erdbebengebiet Italien – Erdbeben in Mittelitalien

6.4.1 Betrachtung des Gesamtgebiets und seines Datensatzes

Die Abbildung unter 6.15 bezieht sich auf die Messreihe bis zum 16.05.2016, im Folgenden wird die Zeitreihe verlängert dargestellt bis kurz vor den katastrophalen Erschütterungen zum 26. August 2016 (Abb. 6.16).

Dabei kann festgestellt werden, dass sich die Wahrscheinlichkeit aufsummierter Energie pro Tag gezählter Magnituden eine Häufung an einem engen Zeitabschnitt konzentriert (Abb. 6.17).

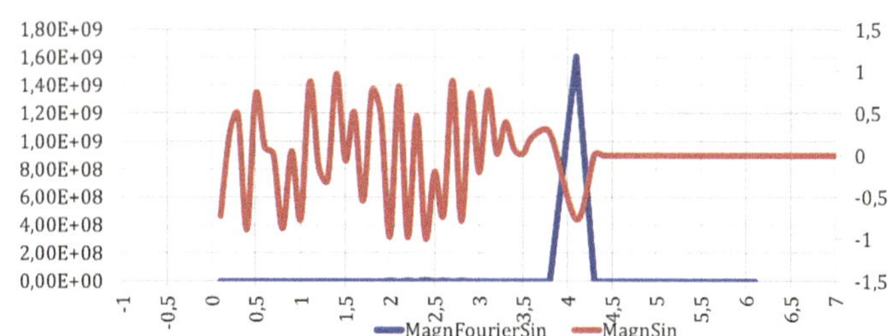

Abb. 6.15 Sinuswerte der zeitlichen Differenz des Auftretens von Magnituden, fourier-transformierte Sinuswerte bis 16.05.2018

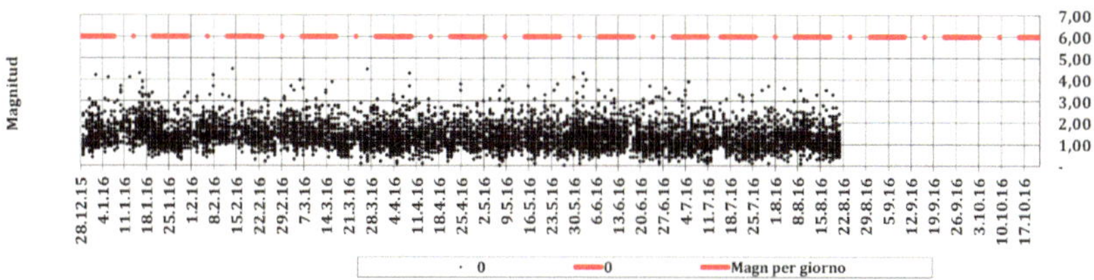

Abb. 6.16 Messdaten, Anzahl Magnituden pro Tag und Stärke bis zum 22.08.2016 der Magn 0 bis 6

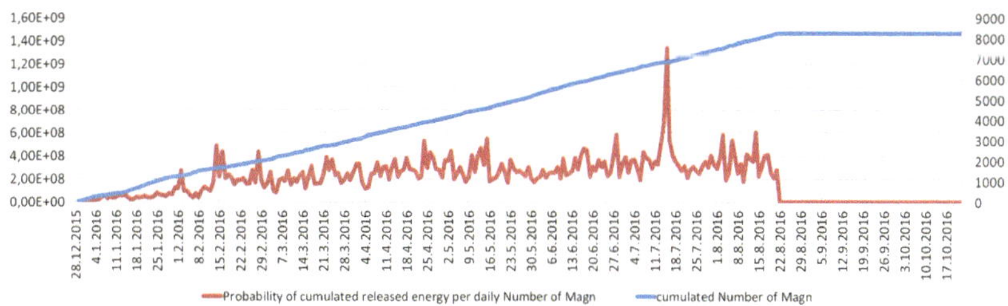

Abb. 6.17 Wahrscheinlichkeit aufsummierter Energie pro Tag gezählter Magnituden, kumulierte Anzahl von Magnituden bis 22.08.2016 der Magn 0 bis 6

Es soll festgestellt werden, in wie weit Magnituden kleiner als 1,6 an der Häufung beteiligt sind.

Dazu werden die nachfolgenden Abbildungen aufgeführt und an dieser Stelle – um die Folge nicht zu stören – beschrieben. Abb. 6.18 stellt dar, in welcher Stärke

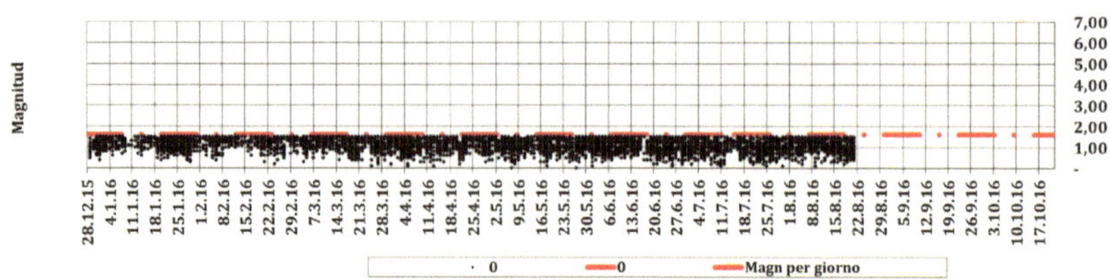

Abb. 6.18 Messdaten, Anzahl Magnituden pro Tag und Stärke bis zum 22.08.2016 der Magn 0 bis 1,6

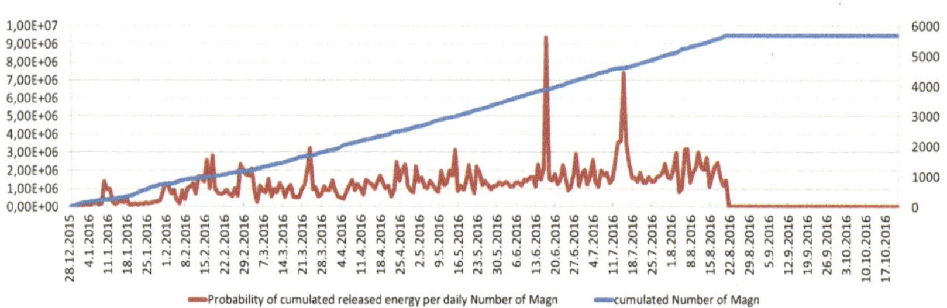

Abb. 6.19 Wahrscheinlichkeit aufsummierter Energie pro Tag gezählter Magnituden, kumulierte Anzahl von Magnituden bis 22.08.2016 der Magn 0 bis 1,6

und Anzahl die jeweiligen Magnituden zwischen den Größen 0 bis 1,6 entlang der Zeitachse bis zum 22.08.2016 auftreten.

Dabei wird ersichtlich, dass die Wahrscheinlichkeit aufsummierter Energie pro Tag gezählter Magnituden gemäß Abb. 6.19 extreme Häufungen in Intervalle bildet. Wird diese Entwicklung weiter verfolgt, so gelangt die Häufung an einen niedrigsten Stand kurz vor einer Entladung der kumulierten und gespeicherten Energie am 26.08.2016 in Macerata mit der Stärke 5,3 auf der Richterskala. Dazu dienen die Abb. 6.20 mit der Wahrscheinlichkeit aufsummierter Energie pro Tag gezählter Magnituden.

Die entscheidend hohe Entlassung der gespeicherten dynamischen Energie zeigt die Abb. 6.21 als am 24.08.2016 eine Erdbebenserie Mittelitalien in Schutt legt.

Aus diesen Beobachtungen kann die Vermutung hergeleitet werden, dass es möglich sei aus der Gesamtheit der Messdaten und der speziellen Betrachtung der Häufung niederer Magnituden in Beziehung zu ihrem wahrscheinlichen Auftreten, zu einer Vorausschau ausschließlich auf Basis statistisch-probabilistischer Betrachtungen zu kommen.

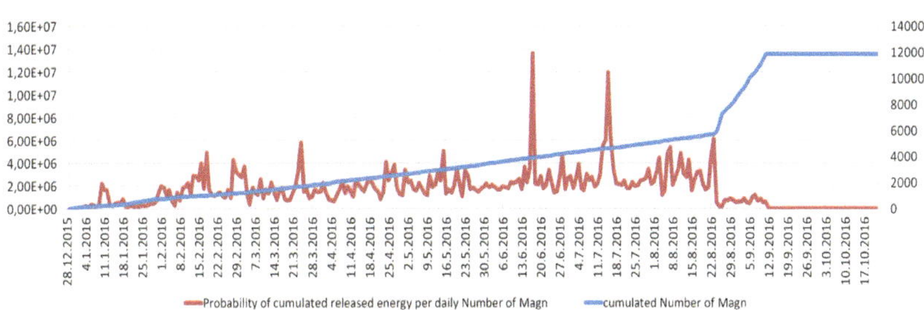

Abb. 6.20 Wahrscheinlichkeit aufsummierter Energie pro Tag gezählter Magnituden, kumulierte Anzahl von Magnituden bis 11.09.2016 der Magn 0 bis 1,6

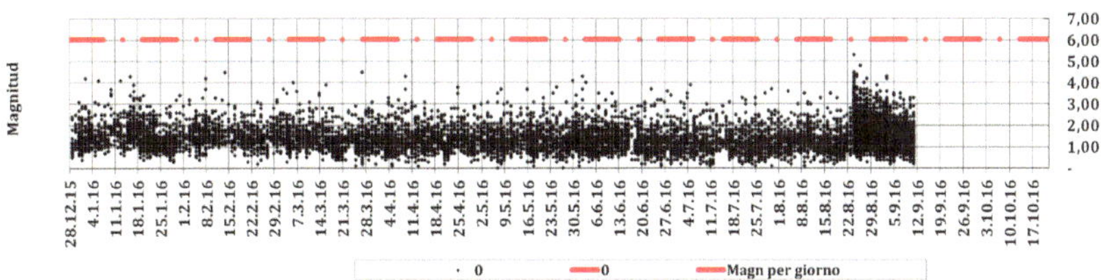

Abb. 6.21 Messdaten, Anzahl Magnituden pro Tag und Stärke bis zum 11.09.2016 der Magn 0 bis 6

6.4.2   Betrachtung „Entwicklung und des Beitrags von Erdbeben hoher Stärke durch Erdbeben niedriger Stärke" in wöchentlichem Rhythmus

In der folgenden, wöchentlichen Sequenz wird die Entwicklung der Wahrscheinlichkeit der kumulierten, freigesetzten Energie gemäß der Richterskala dargestellt. Dabei ist das Haupterdbebengeschehen in Macerata am 26.08.2016 durch einen senkrechten Strich markiert und der Verlauf der kumulierten Anzahl der Erdbeben pro Tag dargestellt. Dabei werden die Messwerte zwischen Magn <1,6 und Magn >0,5 dargestellt. Zwei Dreiecke markieren den Verlauf der Aufsummierung der Messwerte. Der Scheidepunkt markiert den Beginn der kritischen Phase bis zum Erdbebenmaximum (Abb. 6.22, 6.23, 6.24, 6.25, 6.26, 6.27 und 6.28).

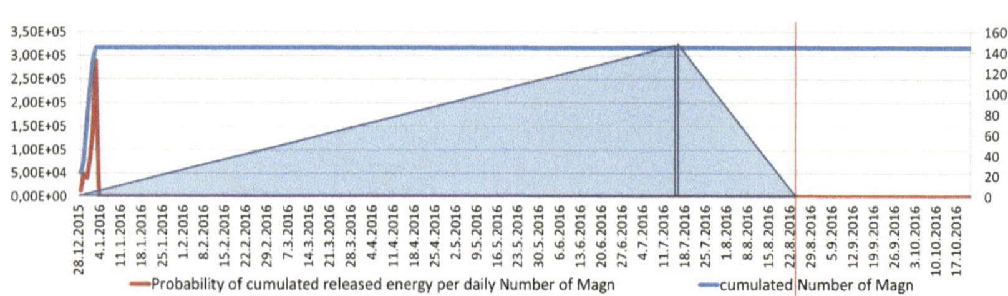

Abb. 6.22 Woche 1, Wahrscheinlichkeit der kumulierten freigesetzten Energie pro Tag Anzahl der Magnituden, Verlauf der kumulierten Anzahl der Erdbeben pro Tag

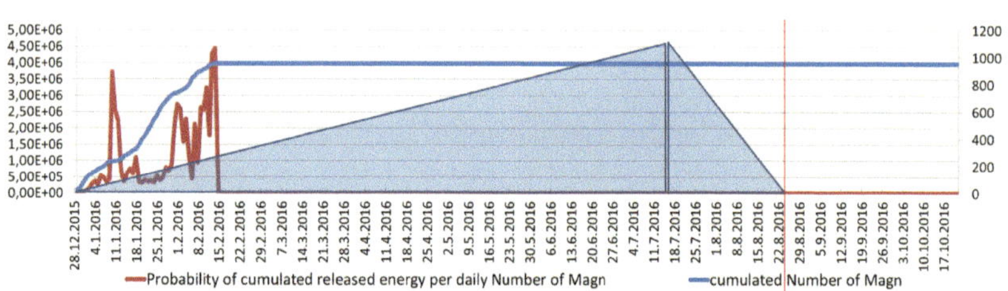

Abb. 6.23 Woche 7, Wahrscheinlichkeit der kumulierten freigesetzten Energie pro Tag Anzahl der Magnituden, Verlauf der kumulierten Anzahl der Erdbeben pro Tag

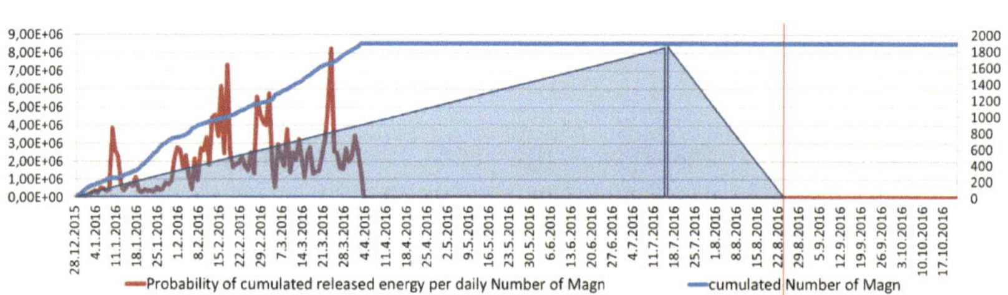

Abb. 6.24 Woche 14, Wahrscheinlichkeit der kumulierten freigesetzten Energie pro Tag Anzahl der Magnituden, Verlauf der kumulierten Anzahl der Erdbeben pro Tag

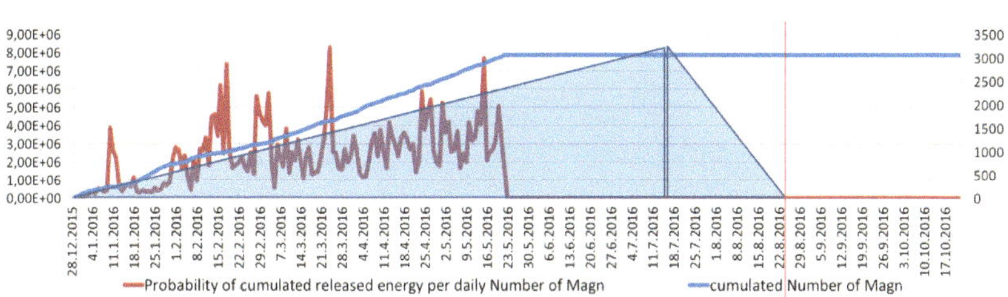

Abb. 6.25 Woche 21, Wahrscheinlichkeit der kumulierten freigesetzten Energie pro Tag Anzahl der Magnituden, Verlauf der kumulierten Anzahl der Erdbeben pro Tag

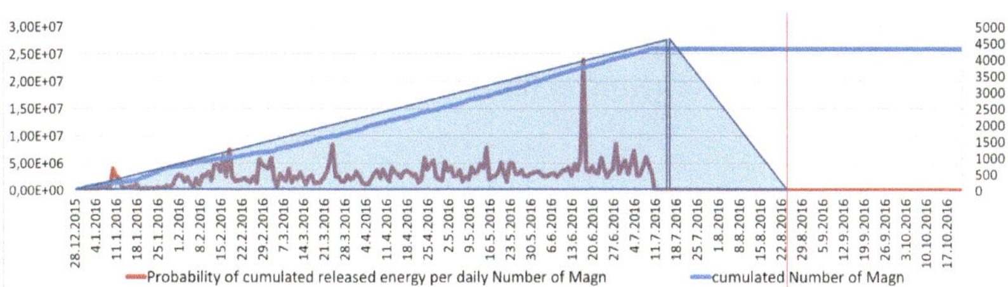

Abb. 6.26 Woche 28, Wahrscheinlichkeit der kumulierten freigesetzten Energie pro Tag Anzahl der Magnituden, Verlauf der kumulierten Anzahl der Erdbeben pro Tag

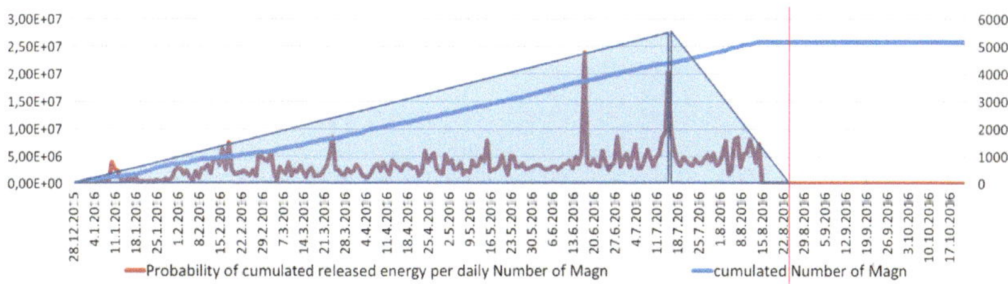

Abb. 6.27 Woche 33, Wahrscheinlichkeit der kumulierten freigesetzten Energie pro Tag Anzahl der Magnituden, Verlauf der kumulierten Anzahl der Erdbeben pro Tag

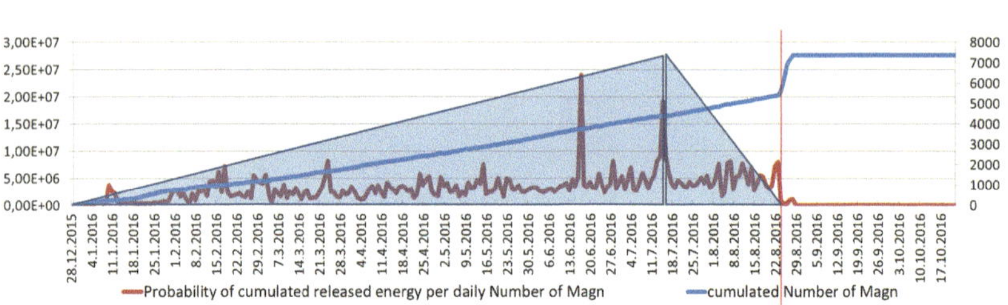

Abb. 6.28 Woche 35, Wahrscheinlichkeit der kumulierten freigesetzten Energie pro Tag Anzahl der Magnituden, Verlauf der kumulierten Anzahl der Erdbeben pro Tag

6.4.3 Endstadium „Entwicklung und des Beitrags von Erdbeben hoher Stärke durch Erdbeben niedriger Stärke" in wöchentlichem Rhythmus

In der letzten wöchentlichen Sequenz wird das Endstadium der Wahrscheinlichkeit der kumulierten, freigesetzten Energie gemäß der Richterskala dargestellt. Dabei ist das Haupterdbebengeschehen in Macerata am 26.08.2016 durch einen senkrechten Strich markiert und der Verlauf der kumulierten Anzahl der Erdbeben pro Tag dargestellt. Dabei werden die Messwerte zwischen Magn <6 und Magn >0,5 dargestellt. Zwei Dreiecke markieren den Verlauf der Aufsummierung der Messwerte. Der Scheidepunkt markiert den Beginn der kritischen Phase bis zum Erdbebenmaximum. Dargestellt ist darunter auch die Aufzeichnung der seismischen Werte (Abb. 6.29 und 6.30).

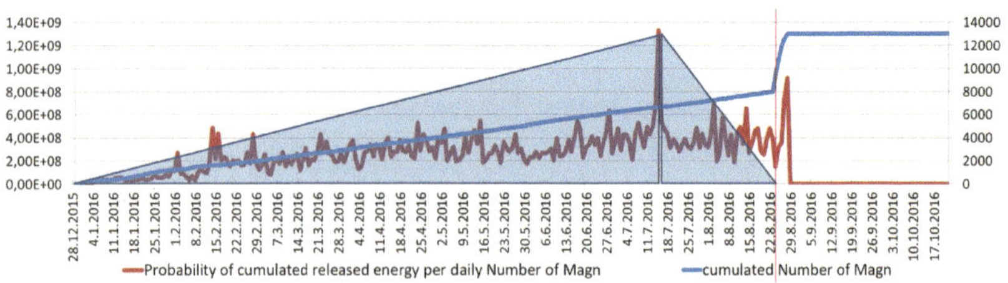

Abb. 6.29 Woche 35, Wahrscheinlichkeit der kumulierten freigesetzten Energie pro Tag Anzahl der Magnituden, Verlauf der kumulierten Anzahl der Erdbeben pro Tag

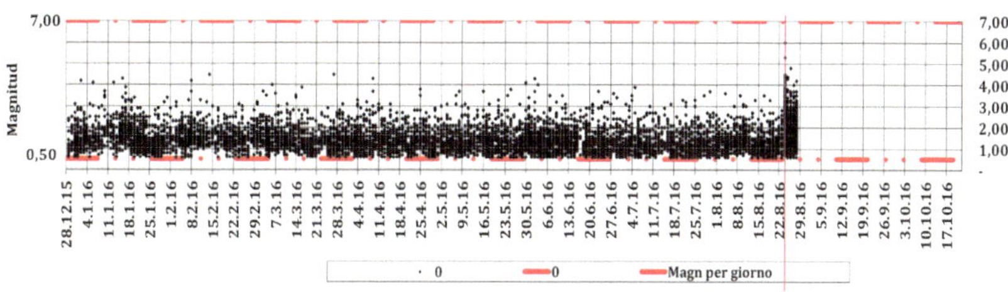

Abb. 6.30 Messdaten, Anzahl Magnituden pro Tag und Stärke bis zum 11.09.2016 der Magn 0 bis 6

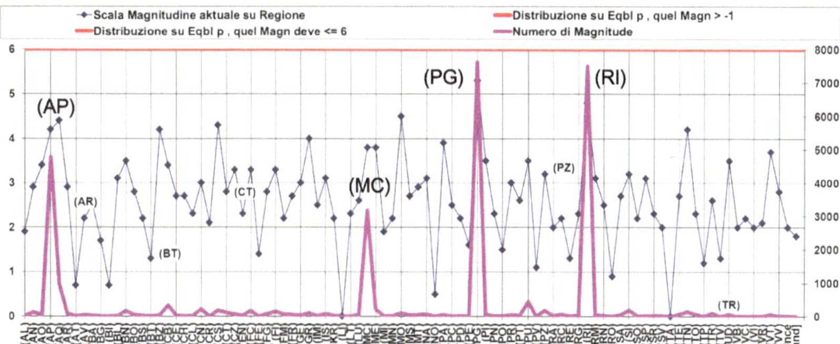

Abb. 6.31 Quellen, die Ursprungsgebiete und Verursacher der seismischen Ereignisse

6.4.4 Identifizierung des Erdbebenquellgebiets

Die Betrachtung der Gesamtheit der Daten aus dem genannten System weist zwar auf die Entwicklung bis zu einem Erdbeben, welches in ganz Italien stattfindet hin, unbekannt bleiben aber die Quellen, die Ursprungsgebiete und Verursacher der seismischen Ereignisse.

Dazu zeigt die folgende Abbildung auf die Quellgebiete – in diesem Fall italienische Provinzen – und identifiziert damit diejenigen, welche die Entwicklung vorantreiben (Abb. 6.31).

In betrachtetem Zeitraum sind es die Provinzen Ascoli Pisceno (AP), Macerata (MC), Perugia (PG) und Rimini (RI) die offensichtlich mit einer hohen Anzahl von Ereignissen, sowohl niederer als auch höherer Magnituden an der Entwicklung beteiligt – oder auch nur betroffen sind.

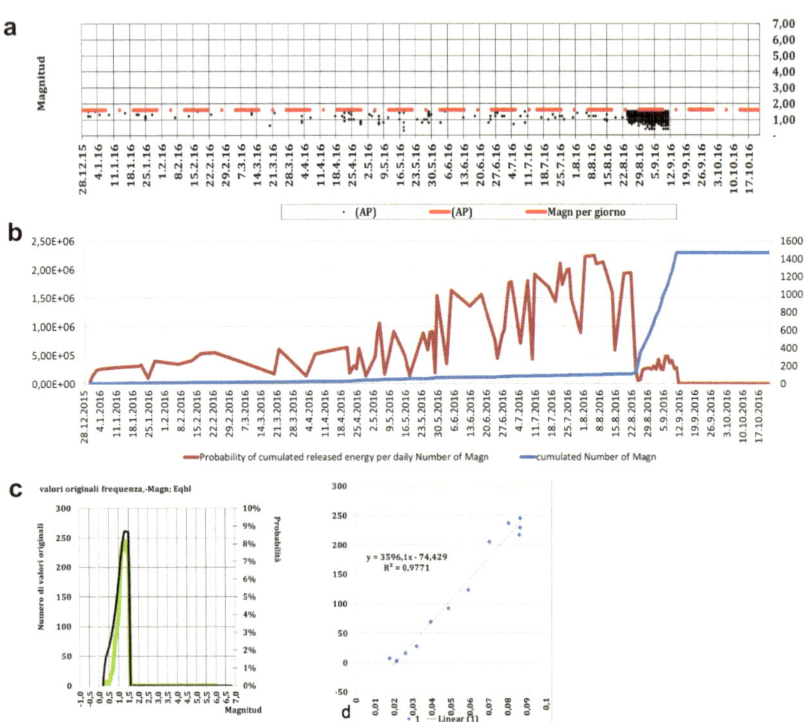

Abb. 6.32 **a** Messdaten, Anzahl Magnituden pro Tag und Stärke bis zum 11.09.2016 der Magn 0 bis 1,6, **b** Wahrscheinlichkeit aufsummierter Energie pro Tag gezählter Magnituden, kumulierte Anzahl von Magnituden bis 11.09.2016 der Magn 0 bis 1,6, **c** Häufigkeitsverteilung/Dichte, **d** Bestimmtheitsmaß

6.4.5   Betrachtung der niederen Magnituden der Provinz Ascoli Pisceno

(Siehe Abb. 6.32)

Die Betrachtung der Provinz Ascoli Pisceno zeigt, dass diese Provinz – keine **markante** kumulierte Anzahl von Magnituden gekoppelt mit einer **hohen Wahrscheinlichkeit aufsummierter Energie** pro Tag gezählter Magnituden – aufzeigt. Wohl aber unterwirft sie sich der Wahrscheinlichkeitsfunktion Eqbl in einer Bestimmtheit von 97,771 %.

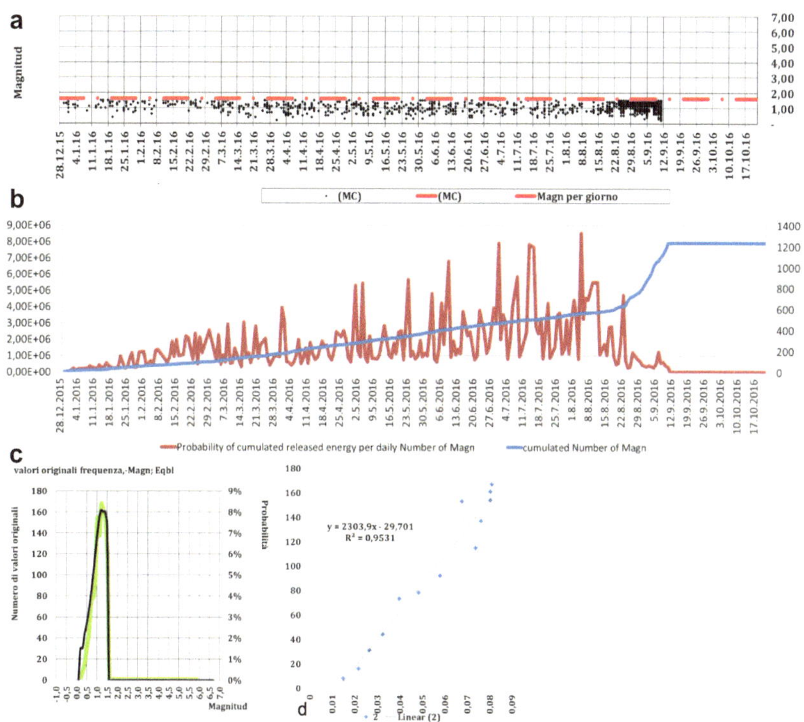

Abb. 6.33 **a** Messdaten, Anzahl Magnituden pro Tag und Stärke bis zum 11.09.2016 der Magn 0 bis 1,6, **b** Wahrscheinlichkeit aufsummierter Energie pro Tag gezählter Magnituden, kumulierte Anzahl von Magnituden bis 11.09.2016 der Magn 0 bis 1,6, **c** Häufigkeitsverteilung/Dichte, **d** Bestimmtheitsmaß

6.4.6   Betrachtung der niederen Magnituden der Provinz Macerata

(Siehe Abb. 6.33)

Die Betrachtung der Provinz Macerata zeigt, dass diese Provinz – eine **deutlich markante** kumulierte Anzahl von Magnituden gekoppelt mit einer **hohen Wahrscheinlichkeit aufsummierter Energie** pro Tag gezählter Magnituden – aufzeigt. Sie unterwirft sie sich der Wahrscheinlichkeitsfunktion Eqbl in einer Bestimmtheit von 95,531 %.

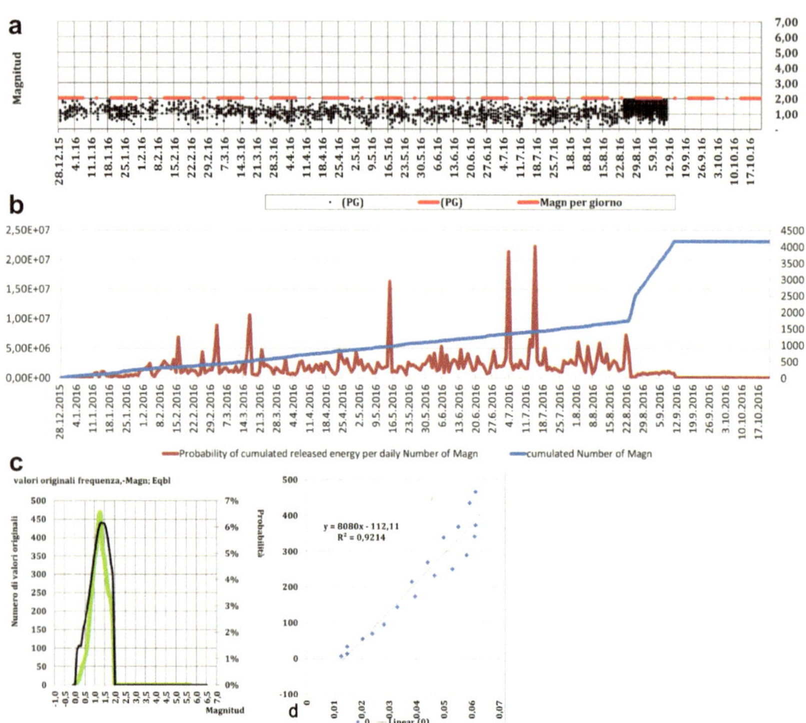

Abb. 6.34 **a** Messdaten, Anzahl Magnituden pro Tag und Stärke bis zum 11.09.2016 der Magn 0 bis 1,6, **b** Wahrscheinlichkeit aufsummierter Energie pro Tag gezählter Magnituden, kumulierte Anzahl von Magnituden bis 11.09.2016 der Magn 0 bis 1,6, **c** Häufigkeitsverteilung/Dichte, **d** Bestimmtheitsmaß

6.4.7 Betrachtung der niederen Magnituden der Provinz Perugia

(Siehe Abb. 6.34)

Die Betrachtung der Provinz Perugia zeigt, dass diese Provinz – eine **deutlich markante** kumulierte Anzahl von Magnituden gekoppelt mit einer **höchsten Wahrscheinlichkeit aufsummierter Energie** pro Tag gezählter Magnituden – aufzeigt. Sie unterwirft sie sich der Wahrscheinlichkeitsfunktion Eqbl in einer Bestimmtheit von 95,531 %.

6.4.8   Betrachtung der niederen Magnituden der Provinz Rimini

(Siehe Abb. 6.35)

Die Betrachtung der Provinz Rimini zeigt, dass diese Provinz – keine **markante** kumulierte Anzahl von Magnituden, jedoch gekoppelt mit einer **hohen Wahrscheinlichkeit aufsummierter Energie** pro Tag gezählter Magnituden – aufzeigt. Sie unterwirft sie sich der Wahrscheinlichkeitsfunktion Eqbl in einer Bestimmtheit von 97,981 %.

Abb. 6.35 **a** Messdaten, Anzahl Magnituden pro Tag und Stärke bis zum 11.09.2016 der Magn 0 bis 1,6, **b** Wahrscheinlichkeit aufsummierter Energie pro Tag gezählter Magnituden, kumulierte Anzahl von Magnituden bis 11.09.2016 der Magn 0 bis 1,6, **c** Häufigkeitsverteilung/Dichte, **d** Bestimmtheitsmaß

6.5   Resümee der Betrachtung der niederen Magnituden der Provinzen

Die Betrachtung der niederen Magnituden in der Provinz Perugia unterscheidet sich sowohl in einer hohen kumulierten Anzahl von Magnituden als auch in der Wahrscheinlichkeit aufsummierter Energie pro Tag gezählter Magnituden um Zehnerpotenzen. Das lässt darauf schließen, dass die Provinz Perugia diejenigen Messdaten liefert welche sie als Quelle, als Hauptverursacherin der Erdbebenaktivitäten ausweist.

Allen Beobachtungen ist aber gemeinsam, dass die Wahrscheinlichkeitsdichte der aufsummierten niederwertigen Magnituden frühzeitig auf künftige starke Erdbeben – bis zu zwei Monate früher – hinweisen. Dieses erfolgt durch kontinuierliche Aufsummierung niederer Magnituden und bezüglich dazu durch kurzfristige Abnahme niederer Magnituden bis dann der Ausbruch eines Ereignisses hoher Magnitude erfolgt (Abb. 6.36).

6.5.1   Zusammenhang zwischen Wahrscheinlichkeitsdichte aufsummierter Energie und der kumulierten Anzahl der jeweiligen Magnituden

1. Die Wahrscheinlichkeitsdichte aufsummierter Energie
   a) Jeder gemessene Magnitudenwert erhält aus der Dichtefunktion Eqbl eine für sich eigene Wahrscheinlichkeit zum Zeitpunkt seiner Messung.
   b) Jeder gemessene Magnitudenwert erhält aus der Richterskalierung eine für sich eigene Energiewertung zum Zeitpunkt seiner Messung.
   Das Produkt aus a und b ergibt die Wahrscheinlichkeitsdichte aufsummierter Energie im betrachteten Zeitraum.
2. Die kumulierte Anzahl der Magnituden
   Die kumulierte Anzahl der Magnituden identifiziert die Summe aller täglich anfallenden Messungen im betrachteten Zeitraum.

Der Quotient aus 1 und 2, beziehungsweise aus der folgenden Abbildung der jeweilige Wert aus der Beziehung der Tabellenwerte der Spalten R,G,L,E – R = G*L/E (Abb. 6.37).

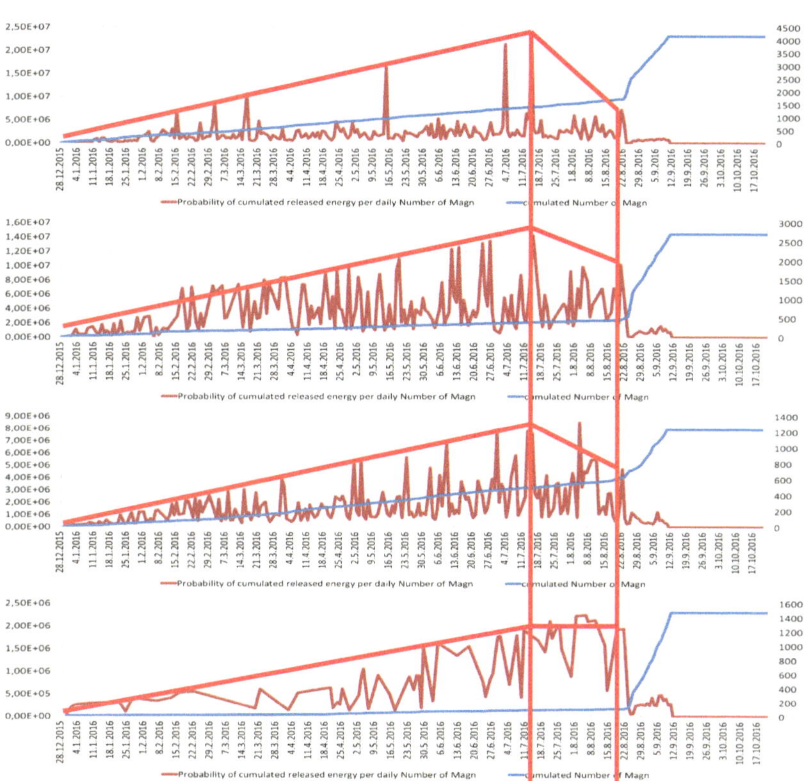

Abb. 6.36 gemeinsamer Anstieg und Abfall der Wahrscheinlichkeitsdichte der aufsummierten niederwertigen Magnituden vor Ausbruch eines starken Bebens

6.6   Erdbebengebiet Albanien

Zu den starken Erdbeben im Jahr 2019 zählen auch diejenige die in Albanien auftraten. Die Registrierung und Auswertung erfolgt auch über die Messsysteme des Systems http://terremoti.ingv.it.

Da die Dichte der Messstationen im Übergang zwischen den Staatgebieten von Italien und Albanien, als auch die Dichte der Messstation in Albanien unbekannt ist, wird davon ausgegangen, dass die Aufzeichnungen des genannten Systems hinreichende Parameterwerte liefern, die auf die betroffenen Gebiete deuten.

Datum	E Anzahl von Joule zu Magn	G Mittelwert von P	L cumulated Released Energy	cumulated Number of Magn	R = G*L/E Probability of cumulated released energy per daily Number of Magn
1.1.2016	1	3,25%	3,55E+04	1	1,15E+03
3.1.2016	1	3,98%	2,35E+05	2	9,35E+03
4.1.2016	2	6,86%	6,34E+05	4	2,17E+04
9.1.2016	1	6,86%	8,34E+05	5	5,72E+04
14.1.2016	1	7,76%	1,96E+06	6	1,52E+05
18.1.2016	1	7,76%	3,08E+06	7	2,39E+05
19.1.2016	2	5,85%	3,48E+06	9	1,02E+05

Abb. 6.37 Tabellenwerk

Das ist in dem vorliegenden Fall die Messstation **Costa Albanese settentrionale (ALBANIA).**

Sie liefert zum Datum des 21.09.2019 folgende Information (Abb. 6.38).

6.6.1 Messdatenauswertung zum 21.08.2019 – vor dem Erdbeben vom 21.09.2019 bis 29.09.2019

Aus den **gesamten Daten** des genannten Systems lassen sich folgende Aussagen treffen.

1. Bei der Betrachtung der Entwicklung der Wahrscheinlichkeitsdichte der aufsummierten **niederwertigen Magnituden *vor* Ausbruch** eines starken Bebens ist ein Anstieg der niederwertigen Magnituden registriert (Abb. 6.39).

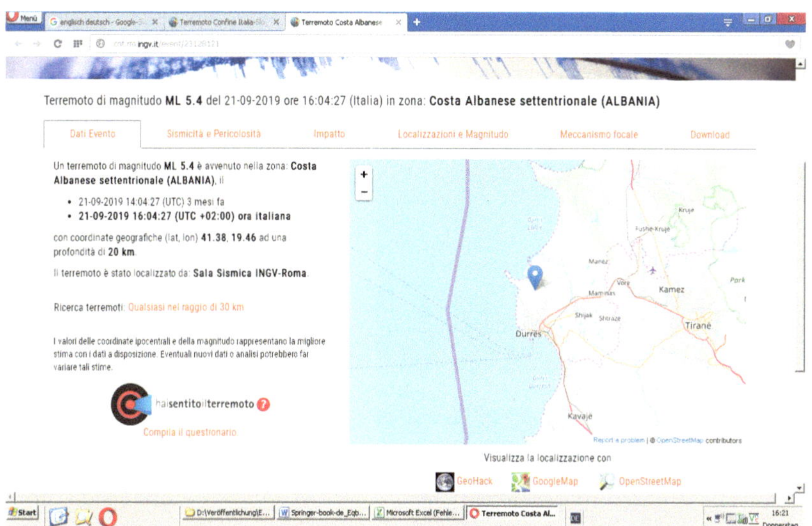

Abb. 6.38 Auszug aus cnt.rm.ingv.it vom 21.09.2019 (http://cnt.rm.ingv.it/event/23128121)

6.6.2 Identifizierung der hauptsächlich gefährdeten Provinzen

Aus der Gesamtmenge der Daten lassen sich die die gefährdeten Provinzen aus der folgenden Grafik herleiten.

Dabei ist aus der Datenmenge die Messstation **Costa Albanese settentrionale (ALBANIA)** nicht als gefährdet herauszuleiten (Abb. 6.40).

Daher ist es notwendig die Daten aller Messstationen einer Analyse ihrer Parameter und deren Werte, als auch deren Dichte zu unterziehen, hier dargestellt sind sechs Messstationen von insgesamt einhundertvierundzwanzig analysierten (Abb. 6.41).

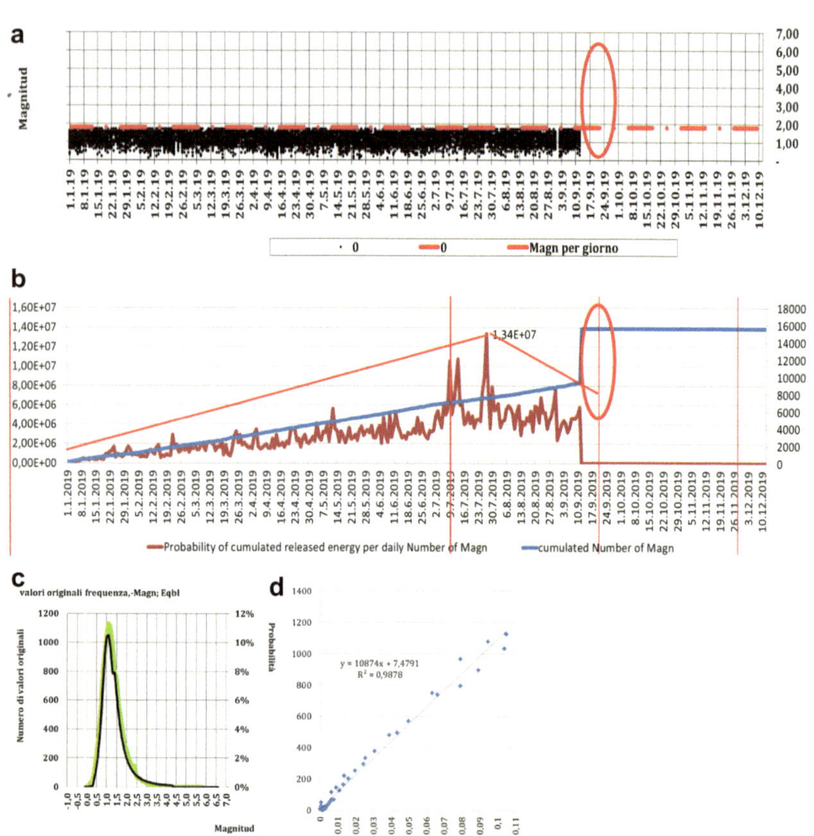

Abb. 6.39 **a** Messdaten, Anzahl Magnituden pro Tag und Stärke bis zum 21.08.2016 der Magn 0 bis 1,6, **b** Wahrscheinlichkeit aufsummierter Energie pro Tag gezählter Magnituden, kumulierte Anzahl von Magnituden bis 21.08.2019 der Magn 0 bis 1,6, **c** Häufigkeitsverteilung/Dichte, **d** Bestimmtheitsmaß

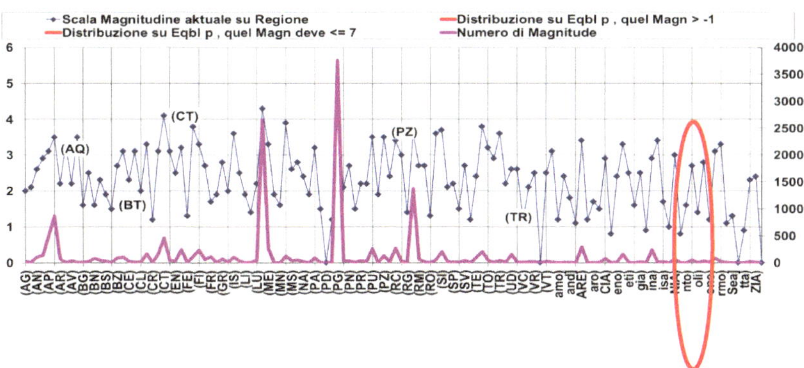

Abb. 6.40 Quellen, die Ursprungsgebiete und Verursacher der seismischen Ereignisse, markiert Albanien

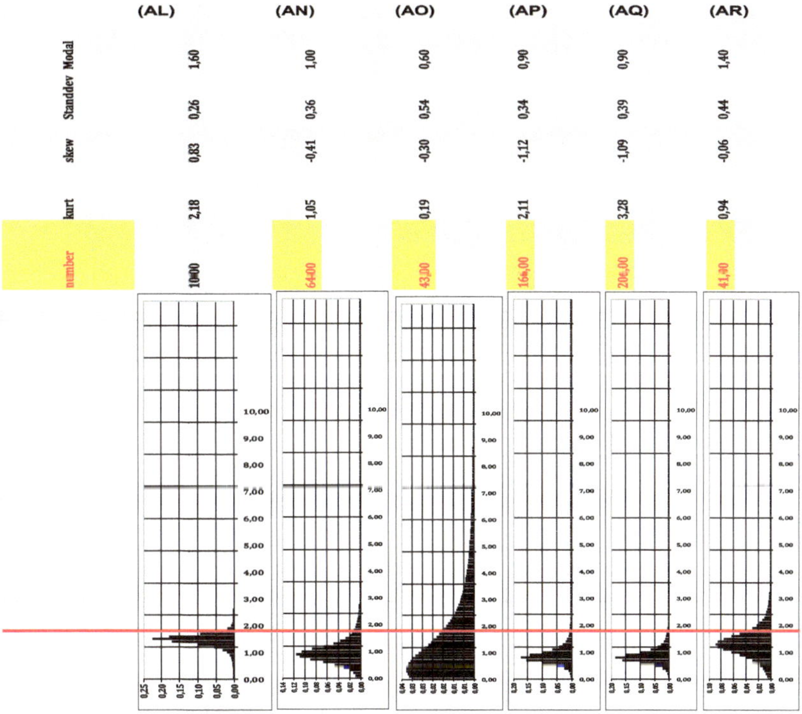

		(AL)	(AN)	(AO)	(AP)	(AQ)	(AR)
	Modal	1,60	1,00	0,60	0,90	0,90	1,40
	Standdev	0,26	0,36	0,54	0,34	0,39	0,44
	skew	0,83	-0,41	-0,30	-1,12	-1,09	-0,06
	kurt	2,18	1,05	0,19	2,11	3,28	0,94
	number	100,00	64,00	43,00	166,00	206,00	41,00

Abb. 6.41 Übersicht der Dichten und der Parameter für auszugsweise 6 von 124 Messstationen

Provinzia	Modal	Standdev	skew	kurt	number
NIA)	1,1	0,67022041	-0,92508408	0,13572002	30

Abb. 6.42 Tabellenwerk

6.6.3 Identifizierung der *Costa Albanese settentrionale (ALBANIA)*

Aus den gemessenen Daten ergeben sich am 21.08.2019 für die Dichte die Parameter resultiert die Dichte, wie sie unter 4.1 aufgezeigt ist (Abb. 6.42).

In der Ausführung der Dichtefunktion

$$Eqbl(x; \mu, \delta, \rho, \kappa) = 1/(\delta\sqrt{2\pi} * (\rho/\kappa))\, e^{-4\log(1+(\frac{1}{2}*(\kappa/\rho)))(\frac{x-\mu}{\delta})^2}, \text{ für } \rho = (1 - r\%(x - \mu))$$

ergibt sich folgende grafische Verteilung, die eine niedrige Wahrscheinlichkeit für hohe Magnituden aufweist (Abb. 6.43).

Die Ausdehnung der Kurve zeigt eine sehr große Streuung der Messwerte in Richtung hoher Magnitudenwerte für die Messstation **Costa Albanese settentrionale (ALBANIA),** sie zeugt von einer geringen Wahrscheinlichkeit hoher aufsummierter Energie.

Davon zeugt auch die Auswertung der folgenden Verteilungen der Messstation **Costa Albanese settentrionale (ALBANIA)** zum 21.08.2019 mit dem markanten Verlauf der Wahrscheinlichkeit der Aufsummierung der Energie gemäß Richter-Skala (Abb. 6.44).

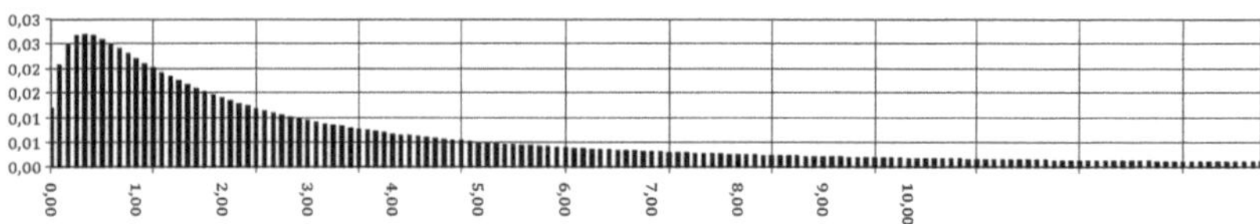

Abb. 6.43 Dichte gemäß der Parameter Kurtosis, Schiefe, Standardabweichung, Modalwert

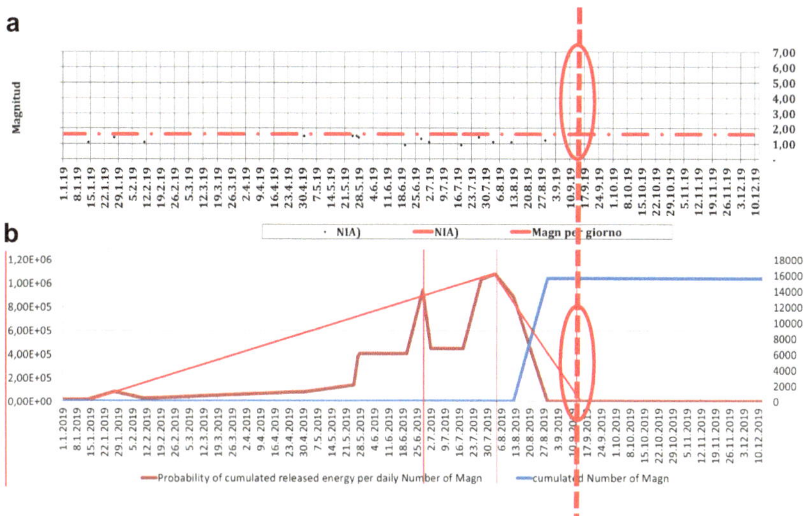

Abb. 6.44 **a** Messdaten, Anzahl Magnituden pro Tag und Stärke bis zum 21.08.2016 der Magn 0 bis 1,6, **b** Wahrscheinlichkeit aufsummierter Energie pro Tag gezählter Magnituden, kumulierte Anzahl von Magnituden bis 21.08.2019 der Magn 0 bis 1,6

6.6.4 Messdatenauswertung zum Erdbeben vom 21.09.2019 bis 29.09.2019

2. Bei der Betrachtung der Entwicklung der Wahrscheinlichkeitsdichte der aufsummierten **niederwertigen Magnituden** *zum* **Ausbruch** eines starken Bebens ist ein Anstieg der niederwertigen Magnituden (Abb. 6.45)

6.6.5 Zusammenfassung der Ergebnisse Identifizierung der *Costa Albanese settentrionale (ALBANIA)* und der gesamten Analyse

Die Messdaten, die aus benanntem System zur Analyse mit der Logarithmischen Equibalancedistribution verwendet wurden und deren Ergebnisse, stützen die Vermutung aus Abschn. 6.3, dass niedere Erdbebenstärken, also wie beschrieben Magnituden wie in der Richter-Skala aufgeführt, nicht außerhalb der statistisch-probabilistischen Betrachtung stehen sollten.

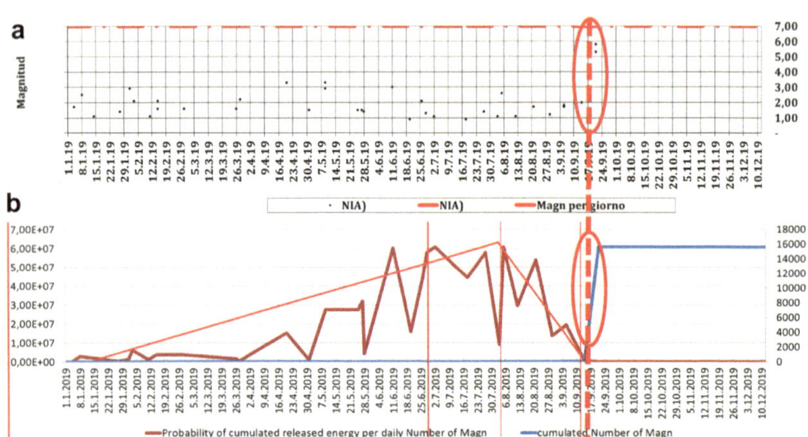

Abb. 6.45 **a** Messdaten, Anzahl Magnituden pro Tag und Stärke bis zum 21.08.2019 der Magn 0 bis 6, **b** Wahrscheinlichkeit aufsummierter Energie pro Tag gezählter Magnituden, kumulierte Anzahl von Magnituden bis 21.08.2019 der Magn 0 bis 6

Aufgrund ihrer Häufigkeit und der damit verbundenen Auftretenswahrscheinlichkeit und ihrer innewohnenden dynamischen Energie leisten sie wohl einen bedeutenden und frühzeitigen Beitrag in der Vorbereitung nachfolgender heftiger Erdbeben, welche die aufgestaute Energie dann spontan lösen. Offensichtlich zeigt die vorangegangene Analyse auf Methoden hin, wie heftige Erdbeben zwischen 2 bis 3 Monate vor dem Ausbruch erkannt werden können.

6.6.6   Vorausschau

Die wichtige Erkenntnis liegt darin, dass der Zusammenhang zwischen der kumulierten, probabilistischen Energie eines Magnitudenwertes aus der Richter-Skalierung in Zusammenhang mit der Summenhäufigkeit der Magnitudenwerte als Zeitreihe betrachtet, Indizien aufzeigt, wann mit einer heftigen Reaktion zu rechnen ist. Zumindest sollte die Vorausschau auf einer Zeitspanne liegen, wie sie in der folgenden Abbildung dargestellt ist, wenngleich bekannt wird, dass die kumulierte seismische Energie bereits bei $6*10^7$ liegt (Abb. 6.46).

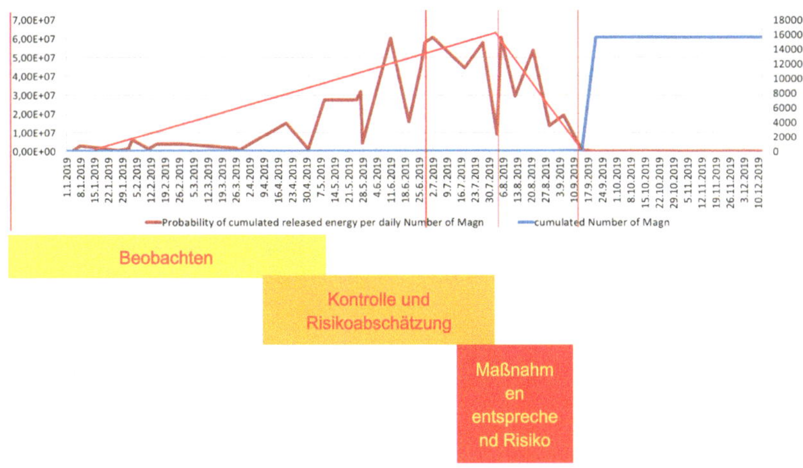

Abb. 6.46 Vorausschau

6.7   Risikoabschätzung

Die Richterskala bietet die Grundlage für eine Risikoabschätzung anhand des Wahrscheinlichkeitsgraphen. Sie wird definiert durch den Schaden (S) der entsprechend seines wahrscheinlichen Eintretens (P) entsteht.

Die Formel dafür ist dann

$$R = S * P \tag{6.2}$$

(Siehe Abb. 6.47)

In den Grenzen von Magn >3, <= 5 beträgt sie dann P = 77,13 %.

Eine wörtliche Beschreibung des Risikos in Bezug zur Intensität der auftretenden Erdbeben kann aus der folgenden Grafik für P = 77,13 % ersehen werden (Abb. 6.48).

6.8   Ergebnisdiskussion

Es ist so, wie es die vorangegangene Analyse aufzeigt eine Prognose ist nur auf Grundlage der Datenerhebungen aus der Vergangenheit möglich. Da aber in einer Verteilung der Häufigkeiten die Information aus

- Ort
- Zeit

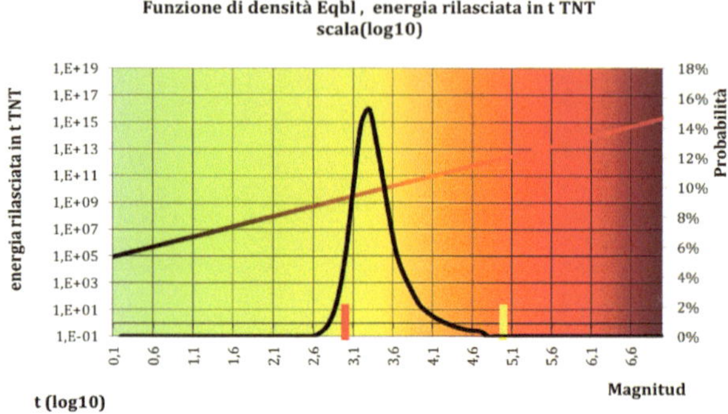

Abb. 6.47 Wahrscheinlichkeitsgraph

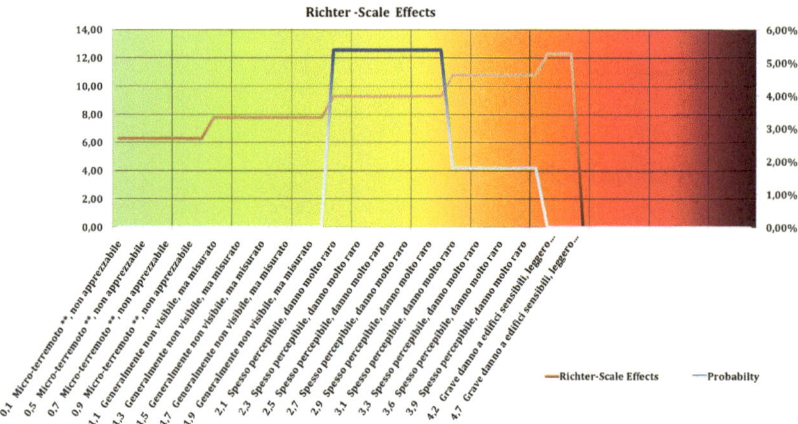

Abb. 6.48 Wahrscheinlichkeitsgraph in Verbindung mit den Aussagen der Richterskala

verloren geht und eben nur eine Ansammlung von Magnitudenwerten verbleibt, kann – wie in einem Wetterbericht – keine präzise Aussage zu Ort und Zeit von Erdbebenereignissen gemacht werden.

Vergleichbar sind spontane Erdbeben mit Blitzeinschlägen, mit denen man zwar rechnen muss, wenn die Wetterprognose dieses voraussagt, doch auch dort keine Aussagen zu Ort und Zeit gemacht werden können.

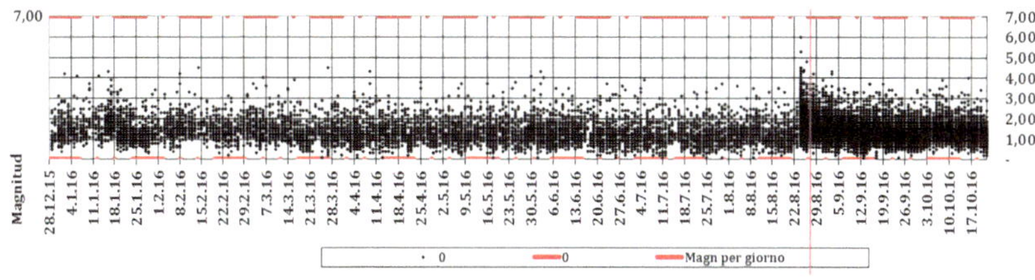

Abb. 6.49   Erdbebenaufzeichnung 2016

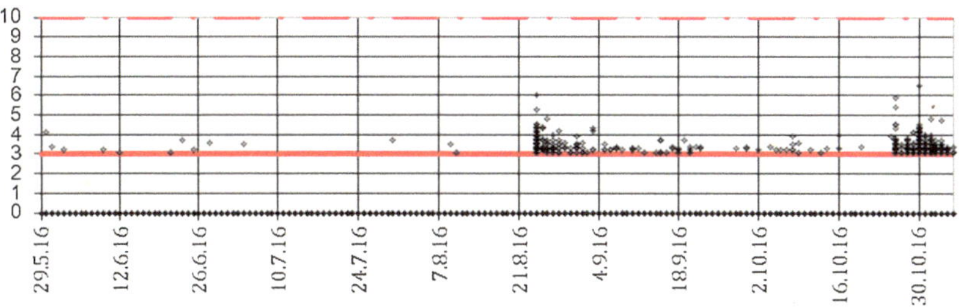

Abb. 6.50   Erdbebenaufzeichnung spontan auftretenden Magnituden >3 für das Jahr 2016

Vielmehr muss man sich auf Wahrscheinlichkeitsaussagen verlassen, die zumindest dafür sorgen sollten, dass alle Vorsorgen getroffen werden um dem Risiko durch Sicherheit zu begegnen.

Die Urwertetabelle mit allen auftretenden Magnituden in Italien für das Jahr 2016 (Abb. 6.49 und 6.50).

6.9   Ergebnis und Handlungen

Erdbeben treten spontan auf und das Risiko des Auftretens von Erdbeben in Italien von – dauerhaften – Magnituden zwischen 3 und 10 beträgt in den am häufigsten betroffenen Provinzen mindestens 71 % (Abb. 6.51).

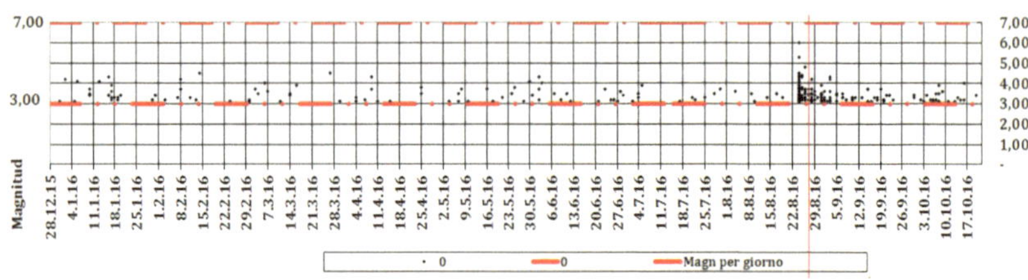

Abb. 6.51 Eqbl – verteilte Wahrscheinlichkeit für spontan auftretenden Magnituden >3 < 10

Daher gelten die Grundsätze:

- Die Einschränkung in Erdbebengebieten mit einer Magnitude >3 zu siedeln
- Die Erweiterung der Messfelder für seismografische Datenerhebungen
- Die Gewährleistung der Standsicherheit von Objekten, die Magnituden >3
- Die Schaffung von Refugien für Personen im Erdbebenfall und Soforthilfen
- Die Finanzierung der Unterstützungshilfen aus Mitteln der Europäischen Union

Die Begründung dafür liegt auch in der vorangezeigten Statistik des Jahres 2016 welche durch Grafiken belegt sei.

6.10   Annex Funktionsgraph, Parameter, Funktion

Aus einer Datenmenge wie unter 6.3 aufgeführt werden die Parameter wie unter 4.3 errechnet und der Eqbl zugeführt (Abb. 6.52).

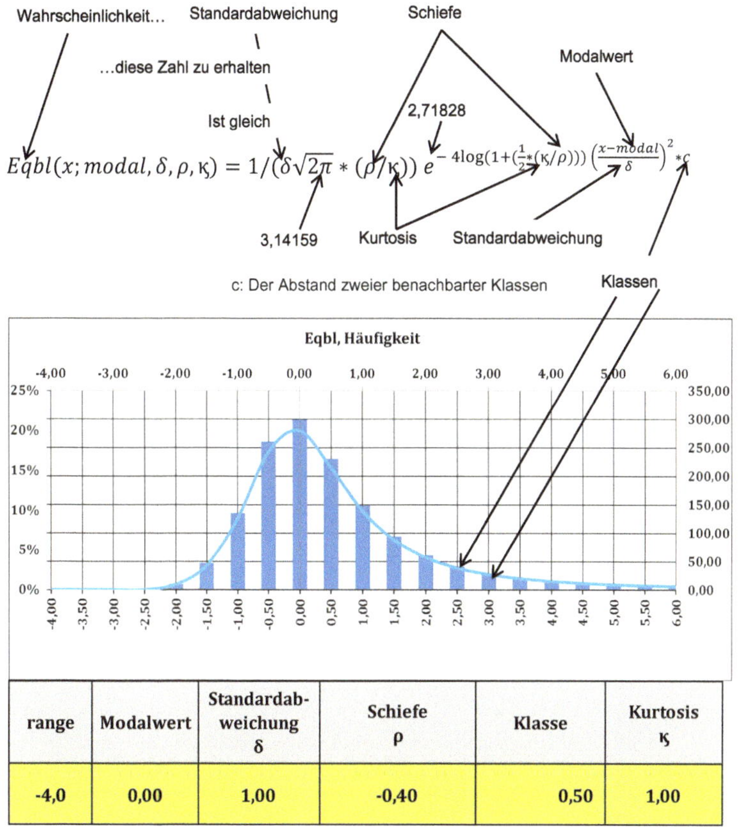

$$Eqbl(x; modal, \delta, \rho, \kappa) = 1/(\delta\sqrt{2\pi} * (\rho/\kappa))\; e^{-\,4\log(1+(\frac{1}{2}*(\kappa/\rho)))\left(\frac{x-modal}{\delta}\right)^{2}} * c$$

range	Modalwert	Standardab-weichung δ	Schiefe ρ	Klasse	Kurtosis κ
-4,0	0,00	1,00	-0,40	0,50	1,00

Abb. 6.52 Funktionsgraph Eqbl; Häufigkeit, Parameter aus der Datenmenge

Näherung an die Lageparameter Modal, Mittelwert, Median; Einführung des Sinus Derivats

Es besteht die Schwierigkeit den Lageparameter des Maximums der Häufigkeit der Messwerte in Einklang zu bringen mit dem Maximum einer Wahrscheinlichkeitsfunktion.

Für die Funktion Eqbl

$$f : \mathrm{Eqbl}(x;\,\mathrm{modal},\delta,\rho,\kappa) = 1/\left(\delta\sqrt{2\pi} * (\rho/\kappa)\right) e^{-4\log\left(1+\left(\frac{1}{2}*(\kappa/\rho)\right)\right)\left(\frac{x-\mathrm{modal}}{\delta}\right)^2}$$

gilt: $\mathrm{modal}, \delta, \rho, \kappa = \mathrm{modal}; s; r, k$. Gemäß Formel 7.2 wird modal ersetzt durch ψ. Der Wert c wird angegeben für die jeweilige Kategorie einer Magnitudenstärke.

Die Ableitung der Funktion ist folgende Formel 7.1. Sie ist notwendig für die Ermittlung der Nullstellen, da sich genau dort auf der x-Achse der Maximalwert – und damit das Maximum – der Funktion ergeben. Der Funktionsgraph dazu ist in Abb. 7.1 dargestellt

$$f : \mathrm{Eqbl}`(x;\,\psi;\,\delta;\,\rho,k) = \frac{c*r}{2^{\frac{3}{2}} * sqrt(\pi) * \kappa * \delta * \left(1 - \frac{\rho*(x-\psi)}{\kappa}\right)^{\frac{3}{2}} * \left(\frac{(x-\psi)^2}{2*\delta^2*\left(1-\frac{\rho*(x-\psi)}{\kappa}\right)} + 1\right)^4}$$
$$- \frac{2^{\frac{3}{2}} * c * \left(\frac{x-\psi}{\delta^2*\left(1-\frac{\rho*(x-\psi)}{\kappa}\right)} + \frac{r*(x-m)^2}{2*k*\delta^2*\left(1-\frac{\rho*(x-\psi)}{\kappa}\right)^2}\right)}{sqrt(\pi) * \delta * sqrt\left(1 - \frac{\rho*(x-\psi)}{\kappa}\right) * \left(\frac{(x-\psi)^2}{2*\delta^2*\left(1-\frac{\rho*(x-\psi)}{\kappa}\right)} + 1\right)^5}.$$

$$(7.1)$$

Als Ersatz für den Modalwert, und damit als Parameter, der sich aus den Messwerten errechnet sei der Parameter Sinus Derivat der Art:

$$(\psi) = (-\mathrm{SIN}(\log(x) * (2 * \mathrm{PI}()))) * h(f)) \qquad (7.2)$$

M. Hellwig, *Equibalancedistribution (Eqbl) in der Analyse von Erdbebendaten*,
https://doi.org/10.1007/978-3-658-29632-2_7

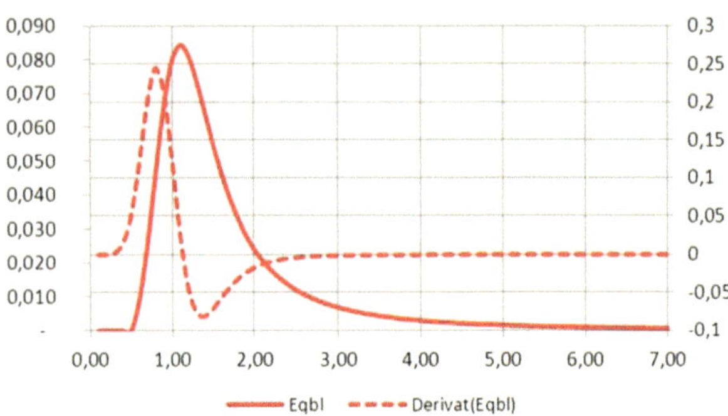

Abb. 7.1   Funktionsgraph Eqbl, 1. Ableitung f: Eqbl'

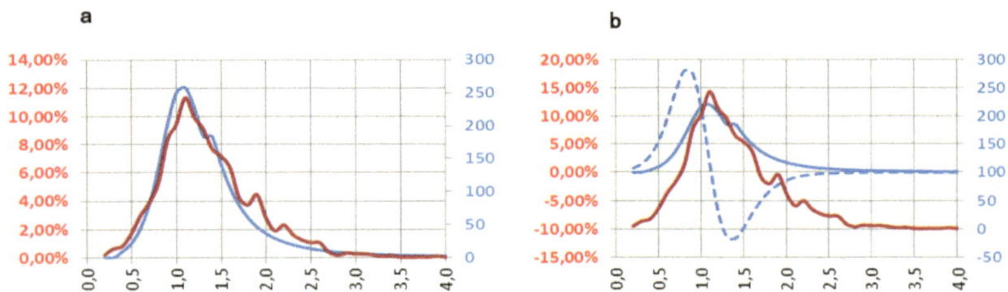

Abb. 7.2   **a** Gegenüberstellung Häufigkeit/Eqbl-Dichte, **b** Eqbl – Dichte, Ableitung der Eqbl-Dichte, Häufigkeit

Damit gilt: $\psi, \delta, \rho, \kappa = \text{SinDeriv}$; s; r, k, der h(f) ist der jeweilige Anzahl zu einer gemessenen Magnitude.

Die Parameterbezeichnung für das Maximum ist nunmehr ψ statt modal (m).

Die entsprechenden Graphen und der dahinter verborgenen Gesetzmäßigkeiten entwickeln sich wie folgt:

Die Abb. 7.2 a, b zeigen, dass die Dichtefunktion sich der Häufigkeit der Magnitudenmessungen annähert. Gemäß des Bestimmheitsmaßes aus der Berechnung der kleinsten Quadrate beträgt sie **$R^2 = 0{,}9621$**. Dementsprechend ist davon auszugehen, dass sowohl:

- Das Gesetz der großen Zahlen: „Wenn die Anzahl der Messwerte gegen unendlich strebt konvergiert der empirische Mittelwert gegen den funktionalen Erwartungswert **symmetrischer Ausprägung**"

- Der zentrale Grenzwertsatz: „Die Summe einer großen Anzahl voneinander unabhängiger Einflussgrößen folgt einer Gauss-Verteilung **symmetrischer Ausprägung**"

sich in den geänderten Aussagen wiederfinden:

- Das Gesetz der großen Zahlen: „Wenn die Anzahl der Messwerte gegen unendlich strebt konvergiert der empirische **Maximalwert** gegen den funktionalen Erwartungswert **asymmetrischer Ausprägung**"
- Der zentrale Grenzwertsatz: „Die Summe einer großen Anzahl voneinander unabhängiger Einflussgrößen folgt einer **multivariaten Verteilung asymmetrischer Ausprägung**"

Die Abb. 7.3 zeigt die Annäherung an die Nullstellen der Häufigkeitsverteilung der Magnituden.

Die Abb. 7.4 zeigt die Näherung der Sinusderivatfunktion an die 1. Ableitung f': Eqbl' gemäß Formel 7.1.

Damit fallen die Nullstellen der SinusDerivat und der 1. Ableitung der Funktion Eqbl = f': Eqbl' zusammen, damit wird die Lage des Maximums präzisiert.

Als Ergebnis der Untersuchung wird festgestellt, dass es möglich ist, die unterschiedlichen

- Maxima: Median, Mittelwert und Modalwert

zur Präzisierung der Lage von Schnittpunkten mit der x-Achse und damit dem entsprechenden Parameter einen errechneten Wert zuzuweisen, wie es ursprünglich die Mittelwertberechnung.

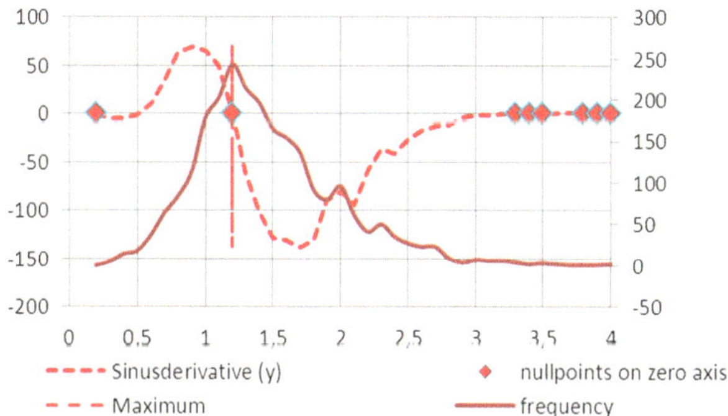

Abb. 7.3 SinusDerivat $(\psi) = (-SIN(\log(x)*(2*PI())))*h(f))$; Nullstellen; Häufigkeit

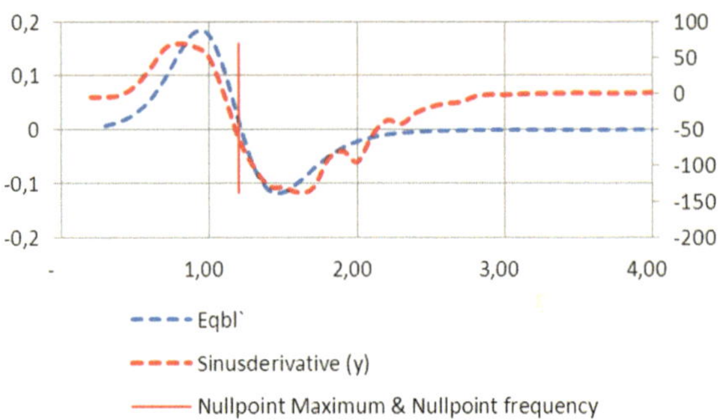

Abb. 7.4 SinusDerivat, 1. Ableitung f′: Eqbl′ gemäß Formel 7.1

geschätzter Mittelwert; siehe auch Formel: 4.5:

$$\widehat{\mu}^2 = \overline{x} = \frac{1}{n}\sum_{i=1}^{n}(x_i)$$

gewesen ist.

Sie wird nun ersetzt durch, siehe auch Formel 7.2

$$(\psi) = (-\mathrm{SIN}(\log(x) * (2 * \mathrm{PI}()))) * h(f))$$

Am 7. Dezember 2018 stellte Hr Petrus Johannes Vermeulen, University of Pretoria in research.net die Frage:

„May I ask philosophers in probability theory and theory of science to provide an opinion on the problem of estimating the largest possible event?"

„Darf ich Philosophen der Wahrscheinlichkeitstheorie und der Wissenschaftstheorie bitten, eine Stellungnahme zum Problem der Schätzung des größtmöglichen Ereignisses abzugeben?"

(https://www.researchgate.net/post/May_I_ask_philosophers_in_probability_theory_and_theory_of_science_to_provide_an_opinion_on_the_problem_of_estimating_the_largest_possible_event).

Die Antwort darauf ist nun in der folgenden Darstellung abzuschätzen. Sie bezieht sich auf eine Risikoaussage anhand eines Risikographen: Wahrscheinlichkeit kumulierter, gelöster Energie bezüglich der täglichen Anzahl von Magnituden unterhalb der Grenze von $<=1,6$ speziell für die Zeit vor dem **24.08.2016,** dem Erdbeben in der Provinz Macerata. Niedere Magnituden künden innerhalb der Grenzen **von 2,0*10^7 und 2,5 * 10^7** und dem nachfolgenden stetigen Fall auf ein Erdbeben höherer Magnituden hin (Abb. 8.1 und 8.2).

© Der/die Herausgeber bzw. der/die Autor(en), exklusiv lizenziert durch   73
Springer Fachmedien Wiesbaden GmbH, ein Teil von Springer Nature 2020
M. Hellwig, *Equibalancedistribution (Eqbl) in der Analyse von Erdbebendaten,*
https://doi.org/10.1007/978-3-658-29632-2_8

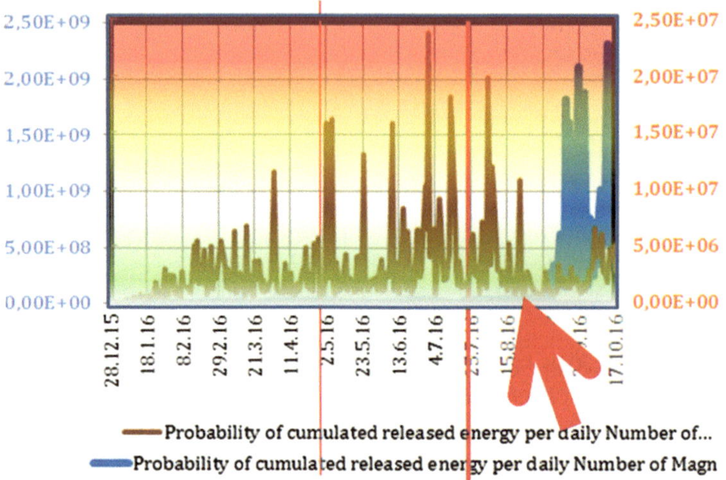

Abb. 8.1 Risikograph: Wahrscheinlichkeit kumulierter, gelöster Energie bezüglich der täglichen Anzahl von Magnituden unterhalb der Grenze von <=1,6

Abb. 8.2 Risikograph: Macerata 24.08.2016

Das Springer Buch „Der dritte Parameter und die asymmetrische Varianz" hatte bereits das Anliegen des Autors behandelt, die Dominanz der Normalverteilung bei der qualitativen Beurteilung von Ereignissen infrage zu stellen. Daher wurden auch einige Passagen hieraus in das vorliegende Buch übernommen.

Die Eigenschaften der logarithmischen Equibalancedistribution (Eqbl) ermöglichen die Berücksichtigung der Schiefe, als auch der Kurtosis von Verteilungen, wie sie mehr und mehr in der Extremwertstatistik an Einfluss gewinnen. Die mathematischen Grundlagen dafür wurden in dem Buch „Der vierte Parameter, Kurtosis und die logarithmische Varianz" beschrieben.

Diese Eigenschaften kommen nun der Erdbebenforschung dadurch zugute, dass Extremwerte über vier Parameter erfasst werden können.

Zu einer hinreichend aussagekräftigen Darstellung zukünftiger Verhaltensweisen von Prozessen – wie einem Erdbebengeschehen – sind Datenerhebungen notwendig aus deren geschichtlichem Verhalten Folgerungen auf Nachfolgendes geschlossen werden kann. Dazu bot uns bietet das genutzte Datenerhebungssystem eine gute Grundlage, da die seismografischen Daten über ein umfangreiches Messnetz gewonnen werden. Daher ist die statistisch-probabilistische Qualität in jedem Fall von diesem Netzwerk abhängig.

Offensichtlich harmonieren die statisch gewonnenen Werte durchaus mit denen der probabilistischen Aussage. Das wird bestätigt durch die Rezensionsanalyse. Doch allein dieser Nachweis reicht nicht aus um eine Vorhersage zum Verhalten eines Erdbebenprozesses zu ermöglichen. Erst die Betrachtung des Verhaltens der hauptsächlich Beteiligen kann zu einem Schließen auf Zukünftiges führen. So kann zwar eine Gesamtbetrachtung des Erdbebengeschehens mittels Statistik/Probabilistik auf das Gesamtrisiko des Erdbebensystems hinweisen, erst eine Teilbetrachtung der einzelnen geografischen Schwerpunkte aber führt zu einem verfolgenswerten Pfad.

Dieser Pfad eröffnet sich, wenn die Wahrscheinlichkeit des Auftretens der Stärke eines Erdbebens, einer Magnitude, gekoppelt wird mit ihrer dynamischen Wirkung, die auf der Richter-Skala definiert ist.

Daher rührt auch der diesem Buch eigenen Gedankengang, dass schwache Erdbeben in sehr häufiger Anzahl sehr wohl einen starken Beitrag liefern können, der sich letztlich in gestauter, aufsummierter Form an einem starken Erdbeben beteiligt ist.

Daher werden in diesem Buch mehrere Betrachtungen beschrieben, die auf Erdbeben aufmerksam machen wollen, das sind:

- Die Häufigkeitsverteilung, die aus den die Parameter des Systems gewonnen werden,
- Die Dichtefunktion, die aus den gewonnenen Parametern einen Schluss auf das Verhalten des Systems zulässt,
- Die Fourier Funktion, die auf die Schwerpunkte der Magnitudenverteilung hinweist,
- Die Verteilung der Häufigkeiten der Anzahl aller Erdbeben über die Provinzen, die Aufschluss gibt, welche davon hauptsächlich beteiligt sind,
- Die Richterskala, aus der die dynamische Wirkung herleitbar ist.
- Der Ersatz der klassischen Mittelwertberechnung durch eine neue Funktion

Dieses Aussagen dieses Buchs berücksichtigen keinerlei Kenntnisse aus anderen Fachgebieten, wie zum Beispiel der Erdbeobachtung der topografischen Veränderungen vor oder nach Erdbeben sondern nutzt ausschließlich die Methoden der Statistik und der Wahrscheinlichkeitstheorie.

Satz des Pythagoras – Proof of Pythagorean Theorem
 Valori originali – original values

Literatur

1. The Effect of Magnitude Uncertainty on Earthquake, RMW Musson, British Geological Survey, West Mains Road, Edinburgh EH9 3LA
2. Model selection and uncertainty in earthquake hazard analysis, I.G. Main, M. Naylor, J. Greenhough, S. Touati & A.F. Bell, University of Edinburgh, School of GeoSciences, Edinburgh, Scotland, J. McCloskey, University of Ulster, School of Environmental Sciences, Coleraine, Northern Ireland, Applications of Statistics and Probability in Civil Engineering – Faber, Köhler & Nishijima (eds), © 2011 Taylor & Francis Group, London, ISBN 978-0-415-66986-3
3. EFFECTS OF MAGNITUDE UNCERTAINTIES ON SEISMIC HAZARD, ESTIMATES, David A RHOADES1 And David J DOWRICK2, SUMMARY 2000
4. Complex Number Theory without Imaginary Number (i) Deepak Bhalchandra Gode, Received 26 July 2014; revised 20 September 2014; accepted 23 October 2014
5. Mirko Slavik, Dresden; Baudynamik und Zustandsanalyse
6. A Magnitude-Frequency Relation for the Lognormal Distribution of Earthquake MagnitudeBy GEORGE PURCARU and DAN ZORILESCU, Septermber 1970
7. Alessandro Valentini1, Francesco Visini2, and Bruno Pace, Integrating faults and past earthquakes into a probabilistic seismic hazard model for peninsular Italy
8. Shahram Pezeshk, Ph.D., P.E. Emison Professor of Civil Engineering Department of Civil Engineering The University of Memphis, Memphis, TN 38152, 4 Probability for Seismic Hazard Analyse
9. GNH7/GG09/GEOL4002 EARTHQUAKE SEISMOLOGY AND EARTHQUAKE HAZARD, Forecasting Earthquakes

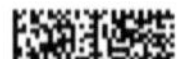